U0267798

食品抽样处理与留样评估

主　编　全永亮　李莘莘

副主编　王光杰　袁　磊　林　洁
　　　　卫晓英

参　编　任秀娟　李桂霞　李　林
　　　　董　楠　崔　莹

北京理工大学出版社
BEIJING INSTITUTE OF TECHNOLOGY PRESS

内 容 提 要

本书专注于介绍食品抽样处理和留样评估的重要性、基本知识和技能，以及其在食品安全监督管理工作中的应用和作用，旨在使学生全面掌握食品抽样处理和留样评估的基本概念、抽样方法、样品处理、样品分析、数据处理和报告出具等方面的基本知识和理论。本书为学生提供全面而深入的食品抽样处理和留样评估知识，包括基本概念、抽样计划制订、样品处理和制备、应用和作用、案例分析与实践操作，以及法规与标准等方面的内容。

本书适合高等职业院校食品质量与安全专业、食品检测技术专业等的学生学习，可作为食品相关专业的选修课教材。

版权专有　侵权必究

图书在版编目（CIP）数据

食品抽样处理与留样评估 / 全永亮，李苹苹主编
.-- 北京：北京理工大学出版社，2024.4
ISBN 978-7-5763-3814-0

Ⅰ.①食… Ⅱ.①全…②李… Ⅲ.①食品安全—安全管理②食品检验 Ⅳ.①TS201.6②TS207.3

中国国家版本馆CIP数据核字（2024）第078873号

责任编辑：王梦春		文案编辑：辛丽莉	
责任校对：刘亚男		责任印制：王美丽	

出版发行 / 北京理工大学出版社有限责任公司

社　　址 / 北京市丰台区四合庄路6号

邮　　编 / 100070

电　　话 / （010）68914026（教材售后服务热线）
　　　　　　（010）68944437（课件资源服务热线）

网　　址 / http://www.bitpress.com.cn

版 印 次 / 2024年4月第1版第1次印刷

印　　刷 / 河北鑫彩博图印刷有限公司

开　　本 / 787 mm×1092 mm　1/16

印　　张 / 11

字　　数 / 259千字

定　　价 / 85.00元

图书出现印装质量问题，请拨打售后服务热线，负责调换

前言

"国以民为本，民以食为天，食以安为先，安以质为本，质以诚为根"。食品安全关乎健康中国的发展，习近平总书记一直高度重视食品安全，在2015年就明确提出：要切实加强食品药品安全监管，用最严谨的标准、最严格的监管、最严厉的处罚、最严肃的问责，加快建立科学完善的食品药品安全治理体系。食品抽样检验是保障食品安全和质量的重要手段之一。《中华人民共和国食品安全法》第六十四条指出："符合本法规定的食品检验机构，对进入该批发市场销售的食用农产品进行抽样检验。"自2019年10月1日起施行的《食品安全抽样检验管理办法》明确指出国家市场监督管理总局负责组织开展全国性食品安全抽样检验工作，监督指导地方市场监督管理部门组织实施食品安全抽样检验工作。

2019年，山东商务职业学院主持了教育部食品质量与安全专业教学资源库子项目"食品抽样处理与留样评估"。本书为山东商务职业学院对应课程的配套用书，可用于高职学生的岗位入职前的培养，也可用于企业相关工作人员的职后培训，还可作为《抽样工作参考手册》。

本书与同名课程的主要目标，以食品企业或检测公司从事食品抽样的工作需要出发，讲述食品抽样与留样评估的基础法律法规，食品抽样的基本知识、流程和方案，培养学生样品处理的基本技能、抽检结果及汇总分析能力。为推进线上线下混合式教学，本书在教育部食品质量与安全专业教学资源库智慧职教平台内，配套建设了"食品抽样处理与留样评估"在线课程，相关知识的课件，视频、动画、习题等资源，读者可登录https://zyk.icve.com.cn/courseDetailed?id=0ccyao6tnbnak6xu05seta&openCourse=alghapssw6xn6akqdmmonq或扫描右侧二维码进行学习。

本书基本内容的架构符合学生对食品抽样工作流程的认知规律，体现了探究式教学思想，采用任务驱动教学法，教学内容呈现的基本逻辑确定为"引入—应用—实施"，即抽样工作"是什么？如何做？做规范"，教材内容的呈现有层次性，由浅入深，由简入繁，循序渐进。

本书由五部分组成：项目一主要讲解课程的基础知识与法律法规，包括《中华人民共和国食品安全法》中关于食品抽样的重要规定、《食品安全抽样检验管理办法》等法律法规，要求学生明确食品抽样管理制度、岗位职责、掌握规范抽样流程，以及食品抽样工作的程序规范。项目二至项目五依次讲解食品样品采集、食品样品制备、食品样品预处理、食品样品留样与评估，这也是按照食品抽样工作流程来衔接的。从明确工作方案开始，确定抽样检验的食品品种；明确食品抽样的环节、抽样方法、抽样数量等抽样工作要求，检验项目、检验方法、判定依据等检验工作要求；直到最终完成食品抽样工作，做好抽检结果及汇总分析的报送。

本书由山东商务职业学院全永亮、李苹苹担任主编，由王光杰、袁磊、林洁、卫晓英担任副主编，任秀娟、李桂霞、李林、董楠、崔莹参与本书编写。本书编写过程中，得到了烟台富美特信息科技股份有限公司高级工程师王光杰、烟台市食品药品检验检测中心高级工程师李林两位来自业界资深企业人员的宝贵指导。这些企业人员凭借丰富的实践经验和深厚的行业知识，为我们提供了许多前沿的见解和实用的建议。他们的参与不仅确保了教材内容与实际工作的紧密结合，更使教材在理论知识和实践操作之间架起了坚实的桥梁，在此表示感谢。

由于编者水平有限，书中难免存在不妥之处，恳请广大读者批评指正。

编　者

二维码资源清单

项目二

序号	类型	名称	页码	序号	类型	名称	页码
1	视频	样品采集原则	13	15	视频	样品的保存	35
2	视频	样品采集目的	14	16	视频	样品的运输	37
3	视频	样品采集误差	15	17	视频	网络食品抽样要求	38
4	视频	样品采集步骤	16	18	视频	网络食品抽样过程	41
5	视频	抽样方案制定	17	19	视频	抽样综合实训	44
6	视频	抽样物品准备	18	20	动画	抽样方案制订与实施	17
7	视频	抽样要求	20	21	动画	抽样方案的内容	18
8	视频	抽样数量确定	21	22	动画	抽样物品准备	18
9	视频	抽样方法	24	23	动画	抽样检查方式及内容	20
10	视频	抽样操作	26	24	动画	样品抽样数量的确定	21
11	视频	样品封装	27	25	动画	样品取样量的确定	23
12	视频	抽样单填写	28	26	动画	固体物料四分法取样	25
13	视频	抽样过程质量保证的基本要求	32	27	动画	填写抽样单	26
14	视频	抽样过程质量保证的控制措施	33	28	动画	饼干抽样的封样	27

项目三

序号	类型	名称	页码	序号	类型	名称	页码
1	视频	样品制备的目的	50	8	视频	样品制备记录	59
2	视频	样品制备的原则	50	9	视频	样品的保存	59
3	视频	样品制备技术	51	10	动画	固体样品罐头的制备	52
4	视频	液体、浆体或悬浮液体样品的制备	53	11	动画	固体样品鸡蛋的制备	55
5	视频	互不相溶液体样品的制备	53	12	动画	固体样品肉和肉制品的制备	56
6	视频	固体样品的制备	55	13	动画	固体样品鱼的制备	58
7	视频	罐头类样品的制备	57				

目 录

项目一 认识食品抽样与留样评估工作

知识目标

1. 深入理解食品安全抽检在食品安全管理体系中的重要地位和作用，包括其在预防食品安全风险、保障消费者权益、促进食品产业健康发展等方面的关键作用。

2. 掌握食品安全抽检的基本概念和原则，了解抽检的目的、对象、频次和覆盖范围等要素。

3. 熟悉食品安全抽检的基本规范，包括抽样方法、抽样程序、样品保存与运输、检测方法与标准等方面的规定和要求。

能力目标

1. 能够准确分析食品安全抽检在食品安全工作中的重要性和必要性，为实际工作提供理论支持。

2. 能够根据食品安全抽检的基本规范，正确执行抽样操作，确保样品的代表性和有效性。

3. 能够熟练运用食品安全抽检的相关知识和技能，参与或独立完成食品安全抽检工作，包括抽样计划的制订、样品的采集与处理、检测结果的判定等。

素质目标

1. 树立高度的食品安全意识和责任感，深刻理解食品安全抽检工作对于保障公众健康的重要性。

2. 培养严谨、细致的工作作风，严格遵守食品安全抽检的基本规范，确保抽检工作的准确性和公正性。

3. 提升团队协作和沟通能力，能够与相关部门和人员有效配合，共同完成食品安全抽检任务。

4. 培养持续学习和创新的精神，关注食品安全抽检领域的最新动态和技术发展，不断提升自己的专业素养和实践能力。

案例引入

2023 年第三季度，全国市场监管部门坚持以问题为导向，完成食品安全监督抽检 2 130 838 批次，依据有关食品安全国家标准等进行检验，发现不合格样品 55 473 批次，监督抽检不合格率为 2.60%，较 2022 年同期下降 0.33 个百分点。

从抽样食品品种来看，消费量大的粮食加工品，食用油、油脂及其制品，肉制品，蛋制品，乳制品 5 大类食品，监督抽检不合格率分别为 0.73%、0.99%、0.85%、0.16%、0.08%，均低于总体抽检不合格率。与 2022 年同期相比，餐饮食品、饼干等 22 大类食品抽检不合格率有所降低，但蔬菜制品、调味品、水果制品等 10 类食品抽检不合格率有所上升。

从检出的不合格项目类别看，一些不合格项目占抽检不合格样品总量：农药残留超标 36.20%，微生物污染 18.76%，超范围超限量使用食品添加剂 13.20%，有机物污染问题 10.03%，兽药残留超标 8.86%，重金属等污染 6.48%，质量指标不达标 5.27%。

针对监督抽检发现的不合格样品，市场监管部门已向社会公布监督抽检结果，并按有关规定及时开展核查处置，严格控制食品安全风险。

（信息来源：国家市场监督管理总局网站 2023 年 11 月 9 日公告）

知识引导

1. 根据我国国家市场监督管理总局的这则公告，你认为什么是食品抽样？

2. 你认为为什么需要进行食品抽样？

知识链接 📄

知识点一 食品安全抽样检验工作

国家食品抽检最直接、最根本的价值即通过各地市的大范围食品抽样检测工作，从全局上保证了民众食品的安全，保障了人体的生命健康。其次，国家食品抽检的实施，极大程度地鞭策、监管了从事食品行业工作者严格按照生产标准生产，严格按照食品生产卫生规范执行，最大限度地减小食品风险。食品安全抽检监测是食品安全监管的重要抓手，是推动食品安全智慧监管和高质量发展的重要引擎和技术支撑。

一、食品安全抽检的重要地位和作用

(一)预警、控制风险

从抽检的导向上看，以问题为导向的食品安全抽检监测工作，能够准确发现不合格产品，可以及时预警、控制风险和危害扩大。排查和解决问题，本质上就是"良币驱逐劣币"的行为，优胜劣汰，将不符合食品安全标准的产品淘汰出市场，既能保障食品安全，同时又能推动食品产业高质量发展，实现"双赢"乃至"多赢"目标。

(二)监督质量，满足知情权

从结果的运用上看，食品行业安全监管部门面向社会及时公布抽检结果，一方面让食品生产经营主体感到无数双眼睛监督的"压力"，从而倒逼企业生产高质量产品，满足公众消费需求。另一方面，抽检的结果面向公众发布，满足了公众对食品安全的知情权，能够提高公众对食品安全的满意率，让公众有更多的获得感、幸福感和安全感，这恰好是食品安全的重要目标导向。

(三)精准监管

从惩治的手段上看，抽检能够为日常监管和稽查执法提供靶向指引和目标定位，在精准监管、获取有价值佐证上发挥独特作用。对抽检不合格食品尤其是对恶意违法造成的不合格食品，将严格按照"四个最严"要求，严惩重处违法行为和违法企业，净化消费市场环境，这也是推动食品产品高质量发展的一种维护措施。

(四)智慧监管

从服务的效能上看，跟踪抽检不合格食品企业，组织专家指导企业推进供给侧结构性改革，淘汰工艺落后产品，研发并生产安全的、高质量的产品奉献社会，既凸显抽检的地位和作用，又彰显食品安全智慧监管的巨大威力。这些抓手用好了，就足以推动食品安全监管高质量发展，推动食品安全治理体系和治理能力现代化。

近年来，全国各级市场监管系统认真落实"四个最严"要求和国家市场监督管理总局防范化解重大风险、坚守"三品一特"安全底线的要求，着力在强基础、管根本、重导向上用实劲，构建"接地气""管长远"的抽检监测体系，解决许多食品安全领域"存量"问题，有力地推动食品安全智慧监督管理和高质量发展。这些成绩的背后，有在市场上频繁穿梭、奔波不停、形成无形监督力量的抽检队员们的一份功劳。

二、今后食品安全监督管理的着力点

（一）增强时时放心不下的责任感和紧迫感

总体上讲，近年来全国食品安全保障的能力和水平呈现稳中有升趋势，但由于多个方面的主客观原因，食品安全的瓶颈问题仍然大量存在。作为食品抽检工作人员，一定要增强责任意识和风险意识，把潜在的风险隐患消除掉，净化消费市场环境。

（二）坚持发现和解决问题的抽检导向

体现抽检工作地位和作用的一个显著标志就是问题发现率。发现不了问题，抽检就会失去存在的价值和意义。所以，食品抽检领域一定要坚持问题导向、目标导向和结果导向，在聚焦"四个全覆盖"的同时，还应把抽检的触角延伸到"潜在""未知"领域，尽可能多地发现和解决问题，发挥抽检的"雷达""前哨"作用，为食品安全监督管理探路、领航，推动食品安全领域的突出问题的有效解决。

（三）最大限度地消除影响食品安全的风险隐患

保障食品安全实行的是风险管理原则，发现问题、消除风险是抽检的终极目标，抽检领域应发挥牵头作用，建好用好监检联动工作机制，把抽检与监督管理有机衔接起来，对抽检发现的问题要加大核查处置的力度，真正查清问题的成因，找到解决问题的突破口，协同有关部门有效解决，工作一定要形成闭环。

（四）加大食品安全风险预警交流工作力度

目前，食品安全舆情事件之所以容易发酵甚至引发食品安全信任危机，除了公众对食品安全的预期很高，还有一个重要的原因就是宣传引导不到位。正面宣传不到位，负面的舆情必然会占领阵地。因此应坚持开门搞监督管理，对抽检发现的问题，尤其是抽检发现的重大风险隐患问题，要及时面向公众解读，及时发布科学信息。实践一再证明：信息越透明，公众越淡定。因此，应把握"时度效"原则，及时面向公众发布科学信息和风险提示，引导公众科学理性消费，提高公众对食品安全的获得感、幸福感、安全感，提高公众对食品安全的满意率。

把牢食品安全抽检监测数据质量关口。抽检数据质量是抽检工作的底线和生命线，必须无条件予以保障。因此，要把强化对承检机构的考评管理，将数据抽查作为至关重要的工作来抓，要保证抽检数据质量，否则抽检工作就会失去科学精准的数据支撑，同时对企业、社会也不公平。

知识点二 食品安全抽样检验规范

为规范国家市场监督管理总局（以下简称总局）食品安全监督抽检和风险监测（以下简称

抽检监测)工作，保证程序合法、科学、公正、统一，依据《食品安全抽样检验管理办法》制定本工作规范。以下为工作规范节选。

一、抽样

(一)抽样单位的确定

抽样单位由组织抽检监测工作的食品药品监督管理部门根据有关食品安全法律法规要求确定，可以是食品药品监督管理部门的执法监督管理机构，或委托具有法定资质的食品检验机构承担。

抽样单位应当建立食品抽样管理制度，明确岗位职责、抽样流程和工作纪律。

(二)抽样前的准备

1. 抽样人员的确定

抽检监测工作实施抽检分离，抽样人员与检验人员不得为同一人。地方承担的抽检监测开展抽样工作前，各抽样单位应确定抽样人员名单，并将《国家食品安全抽检监测抽样人员名单上报表》报相关省级食品药品监督管理部门，由省级食品药品监督管理部门汇总后报总局食品安全抽检监测工作秘书处(以下简称秘书处)。总局本级开展的抽检监测由抽样单位将《国家食品安全抽检监测抽样人员名单上报表》报秘书处。

2. 抽样前培训

抽样单位应对抽样人员进行培训，培训内容包括《中华人民共和国食品安全法》《食品安全抽样检验管理办法》、国家食品安全监督抽检和风险监测实施细则(以下简称实施细则)等相关法律法规及要求，并做好相关培训记录。

二、实施抽样

(1)抽样工作不得预先通知被抽检监测食品生产经营者(包括进口商品在中国依法登记注册的代理商、进口商或经销商，以下简称被抽样单位)。

(2)抽样人员不得少于 2 名，抽样时应向被抽样单位出示《国家食品安全抽样检验告知书》和抽样人员有效身份证件，告知被抽样单位阅读文书背面的被抽样单位须知，并向被抽样单位告知抽检监测性质、抽检监测食品范围等相关信息。抽样单位为承检机构的，还应向被抽样单位出示《国家食品安全抽样检验任务委托书》。

(3)抽样人员应当从食品生产者的成品库待销产品中或者从食品经营者仓库和用于经营的食品中随机抽取样品。至少 2 名抽样人员同时现场抽取，不得由被抽样单位自行提供。

(4)不予抽样的情形。抽样时，抽样人员应当核对被抽样单位的营业执照、许可证等资质证明文件。遇有下列情况之一且能提供有效证明的，不予抽样。

1)食品标签、包装、说明书标有"试制"或者"样品"等字样的。

2)有充分证据证明拟抽检监测的食品为被抽样单位全部用于出口的。

3)食品已经由食品生产经营者自行停止经营并单独存放、明确标注进行封存待处置的。

4)超过保质期或已腐败变质的。

5)被抽样单位存有明显不符合有关法律法规和部门规章要求的。

6)法律、法规和规章规定的其他情形。

三、封样

样品一经抽取，抽样人员应在现场以妥善的方式进行封样，并贴上盖有抽样单位公章的封条（《国家食品安全抽样检验封条》），以防止样品被擅自拆封、动用及调换。

封条上应由被抽样单位和抽样人员双方签字或盖章确认，注明抽样日期。封条的材质、格式（横式或竖式）、尺寸大小可由抽样单位根据抽样需要确定。

所抽样品分为检验样品和复检备份样品，复检备份样品应单独封样，交由承检机构保存。

四、抽样单填写

（1）抽样人员应当使用规定的《国家食品安全抽样检验抽样单》，详细完整记录抽样信息。抽样文书应当字迹工整、清楚，容易辨认，不得随意更改。如需要更改信息应当由被抽样单位签字或盖章确认。

（2）抽样单上被抽样单位名称应严格按照营业执照或其他相关法定资质证书填写。被抽样单位地址按照被抽样单位的实际地址填写，若在批发市场等食品经营单位抽样时，应记录被抽样单位摊位号。被抽样单位名称、地址与营业执照或其他相关法定资质证书上名称、地址不一致时，应在抽样单备注栏中注明。

（3）抽样单上样品名称应按照食品标示信息填写。若无食品标示的，可根据被抽样单位提供的食品名称填写，需在备注栏中注明"样品名称由被抽样单位提供"，并由被抽样单位签字确认。若标注的食品名称无法反映其真实属性，或使用俗名、简称时，应同时注明食品的"标称名称"和"（标准名称或真实属性名称）"，如"稻花香（大米）"。

（4）被抽样品为委托加工的，抽样单上被抽样单位信息应填写实际被抽样单位信息，标称的食品生产者信息填写被委托方信息，并在备注栏中注明委托方信息。

（5）必要时，抽样单备注栏中还应注明食品加工工艺等信息。

（6）抽样单填写完毕后，被抽样单位应当在抽样单上签字或盖章确认。

（7）实施细则中规定需要企业标准的，抽样人员应索要食品执行的企业标准文本复印件，并与样品一同移交承检机构。

五、现场信息采集

抽样人员可通过拍照或录像等方式对被抽样品状态、食品库存及其他可能影响抽检监测结果的情形进行现场信息采集。

现场采集的信息包括以下内容。

（1）被抽样单位外观照片，若被抽样单位悬挂厂牌的，应包含在照片内。

（2）被抽样单位营业执照、许可证等法定资质证书复印件或照片。

（3）抽样人员从样品堆中取样照片，应包含抽样人员和样品堆信息（可大致反映抽样基数）。

（4）从不同部位抽取的含有外包装的样品照片。

（5）封样完毕后，所封样品码放整齐后的外观照片和封条近照。

（6）同时包含所封样品、抽样人员和被抽样单位人员的照片。

（7）填写完毕的抽样单、购物票据等在一起的照片。

（8）其他需要采集的信息。

六、样品的获取方式

抽样人员应向被抽样单位支付样品购置费并索取发票（或相关购物凭证）及所购样品明细，可现场支付费用或先出具《国家食品安全抽样检验样品购置费用告知书》随后支付费用。样品购置费的付款单位由组织抽检监测工作的食品药品监督管理部门指定。

七、样品运输

抽取的样品应由抽样人员携带或寄送至承检机构，不得由被抽样单位自行寄送样品。原则上被抽样品应在 5 个工作日内送至承检机构，对保质期短的食品应及时送至承检机构。

对于易碎、冷藏、冷冻或其他特殊储运条件等要求的食品样品，抽样人员应当采取适当措施，保证样品运输过程符合标准或样品标示要求的运输条件。

八、拒绝抽样

被抽样单位拒绝或阻挠食品安全抽样工作的，抽样人员应认真取证，如实做好情况记录，告知拒绝抽样的后果，填写《国家食品安全抽样检验拒绝抽样认定书》，列明被抽样单位拒绝抽样的情况，报告有管辖权的食品药品监督管理部门进行处理，并及时报被抽样单位所在地省级食品药品监督管理部门。

九、抽样文书的交付

抽样人员应将填写完整的《国家食品安全抽样检验告知书》《国家食品安全抽样检验抽样单》和《国家食品安全抽样检验工作质量及工作纪律反馈单》交给被抽样单位，并告知被抽样单位如对抽样工作有异议，将《国家食品安全抽样检验工作质量及工作纪律反馈单》填写完毕后寄送至组织抽检监测工作的省级食品药品监督管理部门，总局本级开展的抽检监测，将《国家食品安全抽样检验工作质量及工作纪律反馈单》寄送至秘书处。

十、特殊情况的处置和上报

抽样中发现被抽样单位存在无营业执照、无食品生产许可证等法定资质或超许可范围生产经营等行为的，或发现被抽样单位生产经营的食品及原料没有合法来源或者存在违法行为的，应立即停止抽样，及时依法处置并上报被抽样单位所在地省级食品药品监督管理部门。

抽样单位为承检机构的，应报告有管辖权的食品药品监督管理部门进行处理，并及时报被抽样单位所在地省级食品药品监督管理部门；总局本级实施的抽检监测抽样过程中发现的特殊情况还需报送秘书处。

十一、其他要求

（1）对仅用于风险监测的食品样品抽样不受抽样数量、抽样地点、被抽样单位是否具备合法资质等限制，并可简化告知被抽样单位抽样性质、现场信息采集等执法相关的程序。

（2）鼓励应用先进的信息化技术填写并交付相关抽样文书。

任务实施

1. 我国食品安全抽样检验告知书的基本内容

请登录国家市场监督管理总局网站，或其他相关网站，查找有关文献资料，了解我国食品安全抽样检验告知书有哪些基本内容？

序号	步骤	任务内容
1	依据	依据（　　　）法律
2	工作项目	□监督抽检　　□风险监测
3	明确	被抽食品： 抽样单位： 抽样人员： 抽样日期：
4	有效期	从　　年　　月　　日至　　年　　月　　日

2. 被抽样单位须知

要做好食品安全抽样检验工作，被抽样单位需要明确哪些内容？

序号	步骤	任务内容
1	明确职责部门	（　　　　）部门监督
2	明确抽样费用	抽样检验的样品通过（　　　　）方式获取，（　　　）支付，其他要求（　　　　）
3	确定抽样随机方式	抽样人员从（　　　　　　　　）的食品中随机抽取
4	如何寄递样品	抽取的样品应由（　　　）至承检机构，不得（　　　）
5	反馈意见	被抽样单位可以（　　　　　　）方式来反馈意见，应留下（　　　　）

习 题 一

一、单项选择题

1. 食品安全抽检在食品安全管理体系中扮演的主要角色是(　　)。

    A. 预防食品中毒事件　　　　　　　　B. 保障食品安全和质量

    C. 促进食品产业发展　　　　　　　　D. 增加食品销售量

2. (　　)不是食品安全抽检的作用。

    A. 及时发现食品安全隐患　　　　　　B. 提高消费者购买意愿

    C. 为食品安全监督管理提供依据　　　D. 保障公众身体健康

3. 食品安全抽检的主要目的是(　　)。

    A. 评估食品的营养价值　　　　　　　B. 监督食品生产经营者的行为

    C. 促进食品创新研发　　　　　　　　D. 增加食品多样性

4. 关于食品安全抽检的频次，以下说法正确的是(　　)。

    A. 频次越高越好，无须考虑成本　　　B. 频次越低越好，减少企业负担

    C. 应根据风险程度合理确定　　　　　D. 无须定期抽检，随机即可

5. 在食品安全抽检的基本规范中，(　　)是错误的。

    A. 抽样应随机且具代表性　　　　　　B. 抽样人员无须专业培训

    C. 抽样过程应确保样品不受污染　　　D. 抽样结果应详细记录并保存

6. 食品安全抽检的样品保存应满足(　　)。

    A. 任意条件，无须特殊处理　　　　　B. 低温冷藏，避免变质

    C. 高温烘干，防止细菌滋生　　　　　D. 随意放置，无须管理

7. 在食品安全抽检的样品运输过程中，(　　)操作是正确的。

    A. 与其他货物混装运输　　　　　　　B. 在高温环境下长时间暴露

    C. 使用专用冷藏车进行运输　　　　　D. 随意改变运输路线和时间

8. 食品安全抽检结果的应用不包括(　　)。

    A. 指导消费者购买决策　　　　　　　B. 评估食品生产经营者的信誉

    C. 作为食品广告的宣传素材　　　　　D. 为食品安全监督管理提供数据支持

9. 在食品安全抽检过程中，抽样人员应遵循的基本原则是(　　)。

    A. 随意抽样，无须标准　　　　　　　B. 抽样数量越多越好

    C. 遵循抽样计划和标准操作程序　　　D. 只抽取外观异常的样品

10. 食品安全抽检的样品标识应包含(　　)信息。

    A. 样品名称和数量　　　　　　　　　B. 抽样日期和地点

    C. 抽样人员和被抽样单位　　　　　　D. 以上都是

11. 在食品安全抽检中，对于易腐食品，(　　)措施是必要的。

    A. 延长保存期限，以便后续检测　　　B. 无须特殊处理，直接抽样即可

    C. 采用适当的保鲜措施，确保样品质量　D. 尽快完成检测，无须考虑样品状态

12. 食品安全抽检结果公开的主要目的是( )。
   A. 增加食品企业的知名度　　　　B. 提高消费者的购买意愿
   C. 保障消费者的知情权和选择权　D. 增加食品安全监督管理部门的收入

二、判断题

1. 食品安全抽检是保障食品安全的重要手段之一。 （　）
2. 食品安全抽检的频次越高，说明食品安全问题越严重。 （　）
3. 食品安全抽检的样品可以随意丢弃，无须特殊处理。 （　）
4. 食品安全抽检的抽样人员必须持有相关的专业资格证书才能上岗。 （　）
5. 食品安全抽检的样品可以随意更改标识信息，以便后续处理。 （　）
6. 食品安全抽检的结果只对被抽检单位有约束力，对其他单位无效。 （　）

项目二　制订食品样品采集方案

知识目标

1. 掌握食品样品采集的原则、目的和步骤。
2. 掌握抽样方案的制订方法。
3. 熟悉抽样要求、抽样方法和样品的封装方法，掌握抽样单填写方法。
4. 熟悉抽样过程质量保证的基本要求和控制措施。
5. 掌握样品保存和运输的方法。
6. 熟悉网络食品的抽样要求和抽样过程。

能力目标

1. 能够制订食品抽样方案。
2. 能够根据抽样方案完成抽样前的各项准备工作。
3. 能够选用合适的抽样方法进行抽样操作、样品封装和填写抽样单。
4. 能够采取科学合理的措施保证抽样过程的质量。
5. 能够选用合适的方法进行样品保存和运输。
6. 能够对网络食品进行抽样。

素质目标

1. 树立"质量第一"的思想，培养办事公道、坚持原则、不徇私情的职业道德。
2. 通过学习食品样品采集的知识和技能，培养食品安全责任感、爱国价值观和家国情怀。
3. 培养一丝不苟、敬业爱岗、精益求精的工匠精神。
4. 通过小组合作完成课堂任务，培养团队合作精神。

案例引入

巩义市市场监督管理局关于不合格食品核查处置情况的通告(节选，2023 年第 10 期)

国家食品安全抽样检验信息系统涉及我辖区 5 批次不合格食品，其中巩义市新大新商贸有限公司"杂粮馒头"不合格。

一、抽检基本情况

巩义市新大新商贸有限公司生产经营的"杂粮馒头"不合格(抽样单编号：SBJ23410000440331807；加工日期：2023-02-01)，经河南省产品质量检验技术研究院抽样检验，糖精钠(以糖精计)项目不符合《食品安全国家标准 食品添加剂使用标准》(GB 2760—2014)的要求，检验结论为不合格。

二、违法行为查处情况

收到不合格检验报告后，巩义市市场监督管理局执法人员依法向巩义市新大新商贸有限公司送达《国家食品安全抽样检验结果通知书》《检验报告》，告知其享有异议或复检申请权利，当事人在法定期限内，未提出复检或异议申请。

经调查，巩义市新大新商贸有限公司生产经营超范围使用食品添加剂的食品的行为违反了《中华人民共和国食品安全法》第三十四条第(四)项的规定。依据《中华人民共和国食品安全法》第一百二十四条第一款第(三)项的规定，巩义市市场监督管理局决定对当事人给予以下行政处罚：1. 没收违法所得 10 元；2. 罚款 50 000 元。

知识引导

1. 从上面的案例中，你认为食品样品采集的目的是什么？

2. 在进行国家食品安全抽样过程中，工作人员采集时需要考虑哪些因素？

知识链接

知识点一　样品采集

视频：样品采集原则

一、样品采集的原则

分析检验的第一步就是样品的采集。在对食品进行分析检测的过程中，虽然会借助各种先进的仪器设备进行一系列的检测，力争做到精准，但是如果分析检测的第一步，即样品的采集工作没有落实到位，那么后续再精密的检测流程、再精确的检测结果也会因为没有代表性而毫无意义，甚至会将工作人员带入误区，得出错误的结论。食品样品的采集是食品检测结果准确与否的关键，也是分析检验专业人员必须掌握的一项基本技能。

抽样单位由组织抽检监测工作的食品药品监督管理部门根据有关食品安全法律法规要求确定，可以是食品药品监督管理部门的执法监督管理机构，或委托具有法定资质的食品检验机构承担。抽样单位应建立食品抽样管理制度，明确岗位职责、抽样流程和工作纪律。

（一）总体与样品

收集食品样品需要明确总体与样品之间的概念区别。一般来说，食品检验会从同一批的食品中抽取一部分进行检验，这批食品即为总体（population），而被抽取出来的部分由于是作为总体的代表，则称为样品（sample）。样品来自总体，代表总体进行检验。

（二）全数检验与抽样检验

食品安全检验根据样品的数量通常分为全数检验与抽样检验。全数检验是一种理想的检验方法，但是检验工作量大、费用高、耗时长，而且多数分析方法具有破坏性，因此，全数检验在实际工作中应用极少。抽样检验通常是从整批被检的食品中抽取一部分进行检验，用于分析和判断该批食品的安全性和某些质量特性。抽样检验具有检验量少、检验费用低等优点。

（三）正确采样的原则

样品的采集是一个困难且需要非常谨慎的操作过程，在整批被检食品中抽取一部分作为检测样品，对样品进行检测的结果用来说明整批食品的性状，同时判定整批食品合格与否，因此必须遵守一定的采样原则，使采集的样品具有代表性和典型性，且要防止在采样过程中，造成某些成分的损失或外来成分的污染。正确的采样必须遵循以下原则。

1. 代表性原则

样品必须来自总体，作为总体的一部分接受检验。为了确保样品与总体的属性一致，采集样品时要确保其与总体无论性质、特征还是外观上都是相同的。样品对总体来说具有代表性，才能够作为总体的缩影，在这样的前提下检验出来的结果才有意义。但是在实际检验工作中，总是存在诸多因素影响食品样品，如食品存放的位置、食品具体的组织状态等，都可能造成检验结果出现偏差。因此，采样时要充分考虑所有可能影响样品代表性的因素，做好相应的准备，将不利因素扼杀在摇篮里，确保样品与总体属性的一致性，从而确保样品能够代表总体。

2. 典型性原则

为了检验掺假或怀疑掺假的食品、污染或怀疑污染的食品、中毒或怀疑中毒的食品等，采样时应注意典型性原则，根据已掌握的情况有针对性地采样。如怀疑某种食物可能是食物中毒的原因食品，或者感官上已初步判定出该食品存在卫生质量问题，而进行有针对性地选择采样。

3. 适时性原则

因为不少被检物质总是随时间发生变化，为了保证得到正确结论应尽快检测。采样后应在 4 h 内迅速送检验室检验，使其保持原来的理化状态，尽量避免样品在检验前发生变化，如成分逸散、水分增减及酶的影响等。

4. 适量性原则

样品采集数量应满足检验要求，同时不应造成浪费。采样数量应能反映食品的卫生质量及检验项目对试样量的要求，一式三份供检验、复检与留样用，每一份不少于 0.5 kg。

5. 不污染原则

所采集样品应尽可能保持食品原有的品质及包装形态。所采集的样品不得掺入防腐剂、防止带入杂质，不得被其他物质或致病因素所污染。

6. 程序原则

采样、送检、留样和出具报告均按规定的程序进行，各阶段均应有完整的手续，交接清楚。要认真填写采样记录，写明采样单位、地址、日期、样品批号、采样条件、采样数量、现场卫生状况、运输、保存条件、外观、检验项目及采样人等。

7. 无菌原则

对于需要进行微生物项目检测的样品，采样必须符合无菌操作的要求，一件采样器具只能盛装一个样品，防止交叉污染，并注意样品的冷藏运输与保存。

8. 同一原则

采集样品时，检测及留样、复检应为同一份样品，即同一单位、同一品牌、同一规格、同一生产日期、同一批号。

二、样品采集的目的

(一)食品分析检验的程序

食品分析检验的一般程序包括样品的采集、样品制备和保存、样品的预处理、成分分析、数据记录和整理、分析报告的撰写等。食品的种类繁多，且组成很不均匀。不管是制成品，还是未加工的原料，即使是同一种样品，其所含成分的分布也不会完全一致。采样的正确与否，是检验工作成败的关键。分析检验时采样很多，其检验结果又要代表整箱或整批食品的结果，所以样品的采集是分析检验中重要环节的第一步，抽取的样品必须代表全部被检测的物质，

视频：样品
采集目的

否则后续的样品处理及检测计算结果无论如何严格、准确也没有任何价值。

(二)食品样品的采集点

食品样品的采集点包括种植基地或养殖场所、食品生产企业或小作坊、超市或商店或小卖部、农贸市场或集贸市场、餐饮单位或小吃店等。

(三)食品采样的目的

食品采样的目的主要是鉴定食品的营养价值和卫生质量。食品采样是进行营养指导、开发营养保健食品和新资源食品、强化食品的卫生监督管理、制定国家食品卫生质量标准、进行营养与食品卫生学研究的基本手段和重要依据。

1. 营养价值监测

营养价值监测的内容包括食品中营养成分的种类、含量和营养价值等。

2. 卫生监督及质量监测

(1)检验试样感官性质上有无变化,食品的一般成分有无缺陷,加入的添加剂等外来物质是否符合国家的标准等。

(2)监测食品及其原料、添加剂、设备、容器、包装材料中是否存在有毒有害物质,以及有毒有害物质的种类、来源、性质、含量和危害。

(3)特殊需要,如检查食品的成分有无伪造、掺假现象,食品在生产运输和保存过程中有无重金属、有害物质和各种微生物的污染,食品有无变化和腐败变质现象,以及查询确认食品中毒的原因等。

三、样品采集的误差

(一)采样误差的概念

视频:样品采集误差

食品分析检验结果通常包含两种误差:一种是分析误差;另一种是采样误差。采样误差是因采样技术上的问题所造成的样品测定结果与其值之间的差异。如果采样误差大,那么无论怎样降低分析误差,也很难得到食品分析检验的正确结果。由此可见,降低采样误差至关重要。

(二)食品采样误差产生的原因及对策

采样过程中产生误差的因素是多种多样的,采样的各个环节都可能出现误差。

1. 使用不恰当的采样方法所产生的固定偏差

能否得出食品分析检验的正确结论,分析数据的质量至关重要。高质量的分析数据必须先具有代表性的样品;其次是高精度的分析,而有代表性的样品必须用恰当的采样方法获得,才能尽量避免因采样方法带来的采样误差。这种偏差应当通过正确的采样方法尽量避免。

2. 随机波动的误差

随机波动的误差主要源于采样对象理化特性的不均匀性,如粒径、组分的变化等,这种误差无法通过采样方法来消除,但可以通过增加样品数、加大样品量等手段来减小误差,提高采样的精密度。

3. 为控制误差在最低程度,还应注意的事项

(1)使用仪器的误差。使用不合格的仪器,会造成程度不同的误差。

（2）采样操作造成的误差。采样装置不合适，采样操作中的污染、采样过程中的损失、采集量超过收集器的承受量等。

（3）共存物的干扰。

（4）气象因素的影响等。

视频：样品采集
的步骤

四、样品采集的步骤

（一）样品采集的程序

食品样品采集的程序一般分五步进行，即获得检样、得到原始样品、获得平均样品、平均样品分三份、填写采样记录，具体如图 2-1 所示。

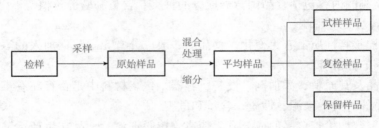

图 2-1　食品样品采集的程序

样品采集中常用到的基本概念较多，具体如下。

（1）检样：由整批食品的各个部分采取的少量样品称为检样。检样的量遵循产品标准的规定。

（2）原始样品：把许多份检样综合在一起称为原始样品。

（3）平均样品：原始样品经过处理再抽取其中一部分作检验用者称为平均样品。

（4）试验样品：由平均样品中分出用于全部项目检验用的样品称为试验样品。

（5）复检样品：对检验结果有怀疑、有争议或有分歧时可根据具体情况进行复检，故必须有复检样品。

（6）保留样品：对某些样品需封存保留一段时间，以备再次验证。

（二）样品采集的实施步骤

实施样品采集，一般包括确定抽样单位、抽样前的准备、抽样、封样、运输等环节。

1. 确定抽样单位

抽样单位是指进行食品采样的基本单元，通常根据食品的特性和采样目的来确定。例如，对于液体食品，可以选择容器或批次作为抽样单位；对于固体食品，可以选择包装或生产批次作为抽样单位。在确定抽样单位时，应充分考虑食品的均匀性、代表性及采样的可行性。

2. 抽样前的准备

（1）了解抽样任务：在抽样前，应详细了解抽样任务的要求，包括采样的食品种类、数量、采样地点等。

（2）准备抽样工具：根据采样食品的特性，准备相应的抽样工具，如无菌采样器、密封袋、标签等。

(3)确定抽样人员：抽样人员应经过专业培训，熟悉采样流程和注意事项，具备相应的操作技能。

3. 抽样

(1)抽样方法：根据食品种类和采样要求，选择合适的抽样方法，如随机抽样、分层抽样等。确保抽样过程具有代表性和公正性。

(2)抽样操作：在抽样过程中，应注意无菌操作，避免样品受到污染。同时，要确保样品的完整性和真实性，避免样品受到损坏或改变。

(3)样品数量：根据采样要求，确定每个抽样单位的样品数量。确保样品数量足够，以满足后续检测和评估的需要。

4. 封样

(1)样品标识：在封样前，应对每个样品进行标识，包括样品名称、采样日期、采样地点、抽样单位等信息。确保样品标识清晰、准确，方便后续管理和追踪。

(2)密封包装：使用密封袋或其他合适的包装材料，对样品进行密封包装。确保包装材料干净、无毒，不会对样品造成污染。

(3)填写采样记录：在封样过程中，应填写采样记录，详细记录采样的过程、方法、数量等信息。采样记录是后续检测和评估的重要依据，应妥善保存。

5. 运输

(1)运输工具：选择适当的运输工具，确保样品在运输过程中不会受到损坏或污染。对于需要冷藏或冷冻的样品，应使用具有保温功能的运输工具。

(2)运输条件：在运输过程中，应确保样品的温度、湿度等条件符合要求，避免样品发生变质或失效。

(3)运输时间：尽量缩短样品的运输时间，确保样品在有效期内到达检测试验室。如需长时间运输，应采取相应的保鲜措施。

知识点二　抽样前准备

一、抽样方案制订

(一)抽样方案的分类

抽样方案依据抽样的次数可分为单次抽样方案、双次抽样方案和多次抽样方案。其中，最常用的为单次抽样方案。

动画：抽样方案　视频：抽样方案
制订与实施　　　　制定

1. 单次抽样方案

从送检批中只抽取一次样本，根据其检测的结果判定该批产品是否合格的一种抽样检验方法称为单次抽样检验。其对应的抽样方案为单次抽样方案。

2. 双次抽样方案

在送检批中抽取第一次样本时，检验的结果可能判定为合格、不合格或保留三种情况，当该批判定为保留时，为了继续判定该批合格与否，应追加第二次抽样，根据第一、第二次样本的检验结果判定该批食品是否最终合格的抽样检验方法称为双次抽样检验。其对应的抽样方案为双次抽样方案。

3. 多次抽样方案

允许通过三次以上的抽样最终对一批产品合格与否作出判断的抽样检验方法称为多次抽样检验。其对应的抽样方案为多次抽样方案。

(二)抽样方案的内容

抽样部门在承担抽检任务时，应根据检验目的和任务，制订详细的抽样方案，抽样方案应当包括下列内容。

动画：抽样方案的内容

(1)抽样依据。

(2)计划抽检品种、批次、抽样数量，以及样品运送方式。

(3)计划抽检区域及抽检重点。

(4)抽样人员及区域划分。

(5)抽样工作完成时限。

(6)抽样工作要求。

(三)食品安全抽样检验工作的重点

下列食品应当作为食品安全抽样检验工作计划的重点。

(1)风险程度高及污染水平呈上升趋势的食品。

(2)流通范围广、消费量大、消费者投诉举报多的食品。

(3)风险监测、监督检查、专项整治、案件稽查、事故调查、应急处置等工作表明存在较大隐患的食品。

(4)专供婴幼儿和其他特定人群的主辅食品。

(5)学校和托幼机构食堂以及旅游景区餐饮服务单位、中央厨房、集体用餐配送单位经营的食品。

(6)有关部门公布的可能违法添加非食用物质的食品。

(7)已在境外造成健康危害并有证据表明可能在国内产生危害的食品。

(8)其他应当作为抽样检验工作重点的食品。

二、抽样物品准备

抽样前，由专人负责准备抽样所需的物品，包括抽样单和抽样工具、包装容器、封条、样品标签等。

视频：抽样物品准备　动画：抽样物品准备

(一)文件、文书

在用的国家及省本级"食品安全监督抽检和风险监测"方面的文件，包括"告知书""任务委托书""抽样单""封条""纪律反馈单""拒绝抽样认定书""经费告知书""样品移交单"等。

(二)抽样工具

食品样品采样工具如图 2-2 所示。

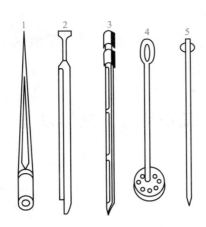

图 2-2　食品样品采样工具

1—固体脂肪采样器；2—谷物、糖类采样器；3—套筒式采样器；4—液体采样搅拌器；5—液体采样器

（1）长柄勺、采样管（玻璃或金属），用以采集液体样品。

（2）采样铲，用以采集散装特大颗粒样品，如花生等。

（3）半圆形金属管，用以采集半固体。

（4）金属探管、金属探子，用以采集袋装颗粒或粉状食品。

（5）双层导管采样器，适用于奶粉等采样，主要防止奶粉等采样时受外环境污染。

（三）抽样容器

（1）装载样品的容器可选择玻璃或塑料的，可以是瓶式、试管式或袋式。容器必须完整无损，密封不漏出液体。

（2）盛装样品的容器应密封、清洁、干燥，不应含有待测物质及干扰物质，不影响样品气味、风味、pH 值。

（3）盛装液体样品，应有防水、防油功能；带塞玻璃瓶或塑料瓶。

（4）酒类、油性样品不宜用橡胶塞。

（5）酸性食品不宜用金属容器。

（6）检测农药用的样品不宜用塑料容器。

（7）黄油不能同纸或任何吸水、吸油的表面接触。

（四）资金

资金包括差旅费、购样费等。

（五）储运设备

对抽检样品有温度环境要求时应准备与其相对应的冷藏箱及冰块，如车载冰箱。

（六）信息采集设备

信息采集设备包括照相机、笔记本电脑等。

（七）通信设备

使用手持电子终端采样设备的抽样人员，应确保通信设备的畅通和电量充足。

（八）其他用品

其他用品包括无菌采样袋、酒精棉、口罩、无菌手套、封条、胶带、签字笔、食品用塑料袋、自封袋、印泥等。

知识点三　抽样过程

一、抽样要求

（一）承检机构职责

视频：抽样　动画：抽样检查
要求　方式及内容

承检机构要对检验数据的真实性、准确性负责。明确抽检监测工作分管领导、组织机构、岗位职责，并制定相应的管理制度。按照抽检监测计划完成抽检监测工作任务。依据《国家食品安全监督抽检实施细则》（简称《抽检实施细则》）确定的方法进行检验，并通过信息系统报送数据及相关文书。按照《食品安全监督抽检和风险监测工作规范》的相关要求落实限时上报责任。发现《抽检实施细则》中有关检验方法、标准存在问题的，及时报告情况，提出相关工作建议。

（二）禁止性规定

不得瞒报、谎报、漏报抽检监测数据、结果等信息。原则上不得分包抽检监测任务，确需分包的，要征得下达任务监督管理部门同意。不得泄露、擅自使用或对外发布抽检监测数据、结果等相关信息。不得接受被抽检单位的馈赠，不得利用抽检监测从事有偿活动、谋取不正当利益。

（三）考核检查方式及内容

1. 现场检查

现场检查与抽检监测任务相关的试验室环境、设备、样品室、经费使用情况等。

2. 查阅资料

资料包括检验资质证书、能力验证相关资料、试验室质控管理体系文件、抽样单、检验报告、检验原始记录、抽样检测相关业务流转单等文件、资料。

3. 检验能力考核、验证

检验能力考核、验证包括盲样测试或试验室留样对比检测等。

（四）立即终止承检机构任务的情形

以下情形要立即终止承检机构任务：篡改数据、出具续交检验报告的；擅自对外发布或泄露抽检监测数据和分析研判结果等信息，或利用抽检监测工作进行有偿活动的；检验工作出现重大差错，并造成严重后果的；瞒报、谎报食品安全抽检监测数据结果等信息的；在抽样中接受被抽样单位馈赠的；擅自分包抽检监测任务的；其他违反食品安全法律法规，需立即终止承检任务的。

（五）视情节暂停或终止承检机构任务的情形

以下情形需视情节暂停或终止承检机构任务：不能持续满足总局关于承检机构应具备

的条件的；漏报抽检监测数据、结果的；检验工作出现差错或一年内监督抽检结论在复检中被推翻两次或两次以上的；未按要求报送抽检信息、不合格或问题样品报告的；盲样考核结果不满意或留样对比检测结果不符合的；违反经费使用及管理规定的；其他违反抽检监测工作规定的。

(六)其他需注意的事项

1. 食用农产品抽检问题

可根据食用农产品监督管理及检验能力等情况，组织开展抽检工作。原则上，不能采用快检模式。

2. 关于保质期较短产品抽检问题

要求承检机构收到样品后优先安排检验，确保检验日期在保质期内，并及时出具检验报告。

二、抽样数量确定

(一)抽样数量确定原则

食品分析检验结果的准确与否通常取决于两个方面：一方面是采样的方法是否正确；另一方面是采样的数量是否得当。因此，从整批食品中抽取样品时，通常按一定的比例进行。

视频：抽样数量确定　动画：样品抽样数量的确定

确定采样的数量，应考虑分析项目的要求、分析方法的要求和被分析物的均匀程度三个因素。一般平均样品的数量不少于全部检验项目的四倍；检验样品、复验样品和保留样品一般每份数量不少于 0.5 kg。检验掺伪物的样品，与一般的成分分析的样品不同，分析项目事先不明确，属于捕捉性分析，因此，相对来讲，取样数量要多一些。

(二)抽样数量确定

1. 粮食加工品

(1)小麦粉、大米。抽取样品量不少于 2 个独立包装，总量不少于 3 kg。抽取大包装食品(净含量≥5 kg)时可进行分装取样，从同一批次的 2 个或以上的大包装食品中扦取样品，扦取的样品混合均匀，抽取样品量不少于 3 kg。所抽取样品分成 2 份，约 1/2 为检验样品，约 1/2 为复检备份样品(备份样品不少于 1 kg)。

(2)挂面。抽取样品量不少于 2 个独立包装，总量不得少于 500 g。所抽取样品分成 2 份，约 1/2 为检验样品，约 1/2 为复检备份样品(备份样品封存在承检机构)。

(3)其他粮食加工品。生产环节抽样时，在企业的成品库，从同一批次样品堆的不同部位抽取相应数量的样品。生制品抽取样品数量不少于 2 kg，不少于 2 个独立包装；熟制预包装食品抽取样品数量不少于 4 kg，不少于 8 个独立包装。抽取大包装食品(净含量＞5 kg)时可进行分装取样，生制品抽取样品量不少于 2 kg，熟制品分装时应采取措施防止微生物污染，分装的样品盛装于被抽样单位用于销售的包装或清洁卫生的容器中，样品数量不少于 8 个包装，且每个包装不少于 500 g。流通环节和餐饮环节如需从大包装中抽取样品，可从 1 个完整大包装中进行分装取样，抽取样品分为 4 个包装，且每个包装不少于 500 g。抽取无包装食品时，从盛装容器不同部位采集适量样品混合成所抽取样品，样品数量不少于 2 kg。所抽取样品分成 2 份，生制品、无包装食品，以及从流通环节、餐饮环节分装的样品，约 1/2 为检验样品，约 1/2 为复检备份样品，其他熟制品约 3/4 为检验样品，约 1/4 为复检备份样品(备份样品不少于 1 kg，封存在承检机构)。

2. 食用植物油

生产环节抽样时，在企业的成品库房，花生油、玉米油小包装产品[净含量<25 L(kg)]。从同一批次样品堆的不同部位抽取适当数量的样品，抽样数量不少于 3 L(kg)，且不少于 6 个独立包装；大包装产品[净含量≥25 L(kg)]，从同一批次样品堆抽取 3 个完整包装样品混合均匀后，扦取不少于 3 L(kg)样品盛装于清洁干燥的样品容器内。其他品种，如小包装产品[净含量<25 L(kg)]，从同一批次样品堆的不同部位抽取适当数量的样品，抽样数量不少于 3 L(kg)，且不少于 2 个独立包装；大包装产品[净含量>25 L(kg)]，从同一批次样品堆 2 个完整包装样品中扦取不少于 3 L(kg)样品，盛装于清洁干燥的样品容器内混合均匀。在餐饮单位抽取煎炸过程用油时，从煎炸用锅等容器内取出≥2 L(kg)样品于经营单位提供的干净瓷质或铁质容器内，现场冷却后，将至少 1 L(kg)样品盛装于清洁干燥的样品容器内(或无菌袋)。所抽取样品分为 2 份，约 1/2 为检验样品，约 1/2 为复检备份样品(备份样品封存在承检机构)。

扦样工具、样品容器应选用合适的材料，并在使用前预先清洗和干燥，避免样品污染。

3. 肉制品

(1)预制肉制品。生产环节抽样时，在企业的成品库房，从同一批次样品堆的不同部位抽取相应数量的样品。调制肉制品(非速冻)抽样量可食部分不少于 200 g；腌腊肉制品抽样量不少于 1 kg，且不少于 4 个独立包装。抽取无包装食品时，从盛装容器不同部位采集适量样品混合成所抽取样品，样品数量原则上同生产环节。所抽取样品分为 2 份，约 1/2 为检验样品，约 1/2 为复检备份样品(备份样品封存在承检机构)。

(2)熟肉制品。生产环节抽样时，在企业的成品库房，从同一批次样品堆的不同部位抽取相应数量的样品。酱卤肉制品和熟肉干制品抽样量不少于 2.5 kg，发酵肉制品、熏烧烤肉制品和熏煮香肠火腿制品抽样量不少于 1 kg，且预包装产品不少于 8 个独立包装。所抽取样品分为 2 份，约 3/4 为检验样品，约 1/4 为复检备份样品(备份样品封存在承检机构)。

4. 乳制品

(1)液体乳。生产环节抽样时，在企业的成品库房，从同一批次样品堆的不同部位抽取相应数量的样品。抽取样品量为 9 个独立包装，总量不少于 1 kg(L)。所抽取样品分成 2 份，一份 7 个包装为检验样品，一份 2 个包装为复检备份样品(备份样品封存在承检机构)。

(2)乳粉。生产环节抽样时，在企业的成品库房，从同一批次样品堆的不同部位抽取相应数量的样品。抽取样品量为 9 个独立包装，总量不少于 2 kg。大包装食品(≥5 kg)可进行分装取样，分装时应采取措施防止微生物污染，分装的样品盛装于被抽样单位用于销售的包装或清洁卫生的容器中，样品数量不少于 9 个包装，且每个包装不少于 200 g。流通环节和餐饮环节如需从大包装中抽取样品，可从 1 个完整大包装中进行分装取样，抽取样品分为 3 个包装，且每个包装不少于 200 g。

所抽取样品分成 2 份，抽取样品量为 9 个包装，一份 7 个包装为检验样品，一份 2 个包装为复检备份样品；抽取样品量为 3 个包装的，2/3 为检验样品，1/3 为复检备份样品（备份样品封存在承检机构）。

5. 果、蔬汁饮料，蛋白饮料，碳酸饮料(汽水)，茶饮料，固体饮料，其他饮料

生产环节抽样时，在企业的成品库房，从同一批次样品堆的不同部位抽取相应数量的样品。抽取样品量不少于 2 L(kg)，不少于 10 个独立包装。抽取大包装食品[净含量>5 L(kg)]时可进行分装取样，分装时应采取措施防止微生物污染，分装的样品盛装于被抽样单位用于销售的包装或清洁卫生的容器中，样品数量不少于 10 个包装，且抽取样品总量不少于 2 L(kg)。流通和餐饮环节从大包装中分装的样品可适当减少抽样量，但总量不得少于 1.5 L(kg)。所抽取样品分为 2 份，约 4/5 为检验样品，约 1/5 为复检备份样品（备份样品封存在承检机构）。

6. 酒类

生产环节抽样时，在企业的成品库房，从同一批次样品堆的不同部位抽取相应数量的样品。白酒、黄酒、啤酒等抽取样品量不少于 4 个独立包装(总量不少于 2 L)，葡萄酒抽取不少于 5 个包装单位(总量不少于 3.75 L)。对散装白酒或原酒应考虑所抽样品的均匀性和代表性，从储酒罐的上、中、下不同部位取样、混匀，用清洁、卫生的容器分装成小包装并保持样品密封良好。所抽取样品分为 2 份，约 1/2 为检验样品，约 1/2 为复检备份样品（备份样品封存在承检机构）。

7. 食用农产品

(1)畜禽肉及副产品。流通环节抽样时，同一生产商(供应商)、同一种类、同一生产日期或购进日期的待销产品视为同一批次。餐饮环节抽样时，将来自同一生产商(供应商)的同一种类、同一生产日期或购进日期的产品视为同一批次。从同一批次产品中抽取样品。包装产品可打开后分切(保留原包装)，对于个体较小的产品(如鸡心等)，可不分切，混合后分样，抽样全过程所有用具不应对样品造成二次污染。原则上抽取样品数量(可食用部分)不少于 2 kg。将抽取样品分为 2 份，其中约 1/2 为检验样品，约 1/2 为复检备份样品，应尽可能保证检验样品与备份样品的一致性（备份样品封存在承检机构）。

(2)蔬菜。流通环节抽样时，将同一摊位、同一产地、同一种类、同一生产日期或购进日期的蔬菜视为同一批次；餐饮环节抽样时，将来自同一供应商、同一产地、同一种类、同一生产日期或购进日期的蔬菜视为同一批次。从同一批次蔬菜中视情况分层分方向结合或只分层或只分方向，抽取无明显瘀伤、腐烂、长菌或其他表面损伤的样品。除去泥土、黏附物及

动画：样品取样量的确定

萎蔫部分。抽样全过程所有用具不应对样品造成二次污染。原则上抽取样品量不少于 2.5 kg。所抽取样品充分混匀后分为 2 份，约 1/2 为检验样品，约 1/2 为复检备份样品。样品应具有代表性，并尽可能保证检验样品与备份样品的一致性（备份样品封存在承检机构）。

(3)水产品。流通环节抽样时，将同一摊位、同一种类、同一码放堆的产品视为同一批次。餐饮环节抽样时，将同一时间来自同一供应商、同一种类、相同等级(如有时)产品视为同一批次。从同一批次水产品中抽取样品。较大个体的水产品应现场沿脊背剖开分割为两部分，分别作为检验样品和复检备份样品；取多个较大个体时应分别沿脊背剖开分割为两部分，其中一部分组合为检验样品(检验时应混合制样)，另一部分组合为复检备份

样品；对于虾、贝、带鱼等其他无法沿脊背剖开分割的产品，取出足够数量样品，混合或切段混合后采用四分法取样。抽样全过程所有用具不应对样品造成二次污染。原则上抽取样品数量（可食用部分）不少于 1.5 kg。所抽取样品分为 2 份，其中约 1/2 为检验样品，约 1/2 为复检备份样品，并尽可能保证检验样品与备份样品的一致性（备份样品封存在承检机构）。

（4）水果类。流通环节抽样时，将同一种类、同一产地、同一生产日期或购进日期、相同规格等级（如有时）的待销产品视为同一批次。餐饮环节抽样时，将同一供应商、同一种类、同一产地、同一生产日期或购进日期、相同规格等级（如有时）的待销产品视为同一批次。从同一批次水果的不同位置和不同层次进行随机取样，样品经混合或缩分时应避免表面损伤，抽样全过程所有用具不应对样品造成二次污染。原则上抽取样品数量不少于 2 kg，且不少于 4 个个体。所抽取样品分为 2 份，约 1/2 为检验样品，约 1/2 为复检备份样品。样品应具有代表性，并尽可能保证检验样品与备份样品的一致性（备份样品封存在承检机构）。

（5）鲜蛋。流通环节抽样时，将同一生产商或供应商、同一蛋种、同一生产日期或购进日期、同一码放堆、相同等级（如有时）的待销产品视为同一批次。餐饮环节抽样时，将同一生产商或供应商、同一蛋种、同一购进日期、相同等级（如有时）视为同一批次。从同一批次产品中随机抽取样品，原则上抽取样品量不少于 3 kg。所抽取样品分为 2 份，约 1/2 为检验样品，约 1/2 为复检备份样品（备份样品封存在承检机构）。

（6）豆类。流通环节抽样时，在货架、柜台、库房或网络食品经营平台抽取同一批次待销产品，抽取无包装食品时，从盛装容器不同部位采集适量样品混合成所抽取样品。餐饮环节抽样时，应抽取同一批次完整包装产品，如需从大包装中抽取样品，应从同一批次完整大包装中抽取。原则上样品数量不少于 1.5 kg。所抽取样品分为 2 份，约 1/2 为检验样品，约 1/2 为复检备份样品（备份样品封存在承检机构）。

（7）生干坚果与籽类食品。流通环节抽样时，在货架、柜台、库房或网络食品经营平台抽取同一批次待销产品。餐饮环节抽样时，应从同一批次完整包装中抽取，如需从大包装中抽取样品，应从同一批次完整大包装中抽取。原则上抽取样品量不少于 2 kg，带壳花生产品应不少于 2 kg。所抽取样品分成 2 份，约 2/3 作为检验样品，约 1/3（花生仁及带壳花生可食部分不少于 1 kg）用于复检备份样品（备份样品封存在承检机构）。

三、抽样方法

食品种类繁多，有罐头类食品，有乳制品、蛋制品和各种小食品（糖果、饼干类）等。另外，食品的包装类型也很多，有散装（如粮食、砂糖），还有袋装（如食糖）、桶装（蜂蜜）、听装（如罐头、饼干）、木箱或纸盒装（如禽、兔和水产品）和瓶装（如酒和饮料类）等。因此，食品采集的类型也不一样，

视频：抽样方法

有的是成品样品，有的是半成品样品，有的还是原料类型的样品。尽管商品的种类不同，包装形式也不同，但是采取的样品一定要具有代表性。各种食品取样方法中都有明确的取样数量和方法说明。

采样通常有两种方法：随机抽样和代表性取样。随机抽样是按照随机的原则，从分析的整批物料中抽取出一部分样品。随机抽样时，要求使整批物料的各个部分都有被抽到的机会。代表性取样则是用系统抽样法进行采样，即已经掌握了样品随空间（位置）和时间变

化的规律,按照这个规律采取样品,从而使采集到的样品能代表其相应部分的组成和质量,如对整批物料进行分层取样、在生产过程的各个环节取样、定期从货架上采取陈列不同时间的食品的取样等。

两种方法各有利弊。随机抽样可以避免人为的倾向性,但是,在有些情况下,如难以混匀的食品(如黏稠液体、蔬菜等)的采样,仅仅使用随机抽样是不行的,必须结合代表性取样,从有代表性的各个部分分别取样。因此,采样通常采用随机抽样与代表性取样相结合的方式。具体的取样方法,因分析对象性质的不同而异。

(一)均匀固体物料(如粮食、粉状食品)

(1)有完整包装(袋、桶、箱等)的物料可先按 $\sqrt{总件数/2}$ 确定采样件数,然后从样品堆放的不同部位,按采样件数确定具体采样袋(桶、箱),再用双套回转取样管插入包装容器中采样,回转180°取出样品,每一包装须由上、中、下三层取出三份检样;把许多份检样合起来成为原始样品;再用"四分法"将原始样品做成平均样品。

动画:固体物料
四分法取样

(2)无包装的散堆样品。先划分若干等体积层,然后在每层的四角和中心点用双套回转器各采取少量检样,再按上述方法处理,得到平均样品。

(二)较稠的半固体物料(如稀奶油、动物油脂、果酱等)

这类物料不易充分混匀,可先按 $\sqrt{总件数/2}$ 确定采样件(桶、罐)数,打开包装,用采样器从各桶(罐)中分上、中、下三层取出检样,然后将检样混合均匀,再按上述方法分取缩减,得到所需数量的平均样品。

(三)液体物料(如植物油、鲜乳等)

(1)包装体积不太大的物料。可先按 $\sqrt{总件数/2}$ 确定采样件数。开启包装,用混合器充分混合(如果容器内被检物不多,可用由一个容器转移到另一个容器的方法混合)。然后用长形管或特制采样器从每个包装中采取一定量的检样;将检样综合到一起后,充分混合均匀形成原始样品;再用上述方法分取缩减得到所需数量的平均样品。

(2)大桶装的或散(池)装的物料。这类物料不易混合均匀,可用虹吸法分层取样,每5 m左右,得到多份检样;将检样充分混合均匀即得原始样品;然后,分取缩减得到所需数量的平均样品。

(四)组成不均匀的固体食品(如肉、鱼、果品、蔬菜等)

这类食品各部位不均匀,个体大小及成熟程度差异很大,取样更应注意代表性,可按下述方法采样。

(1)肉类。根据分析目的和要求不同而定。有时从不同部位取得检样,混合后形成原始样品,再分取缩减得到所需数量的代表该只动物的平均样品;有时从一只或很多只动物的同部位采取检样,混合后形成原始样品,再分取缩减得到所需数量的代表该动物某一部位情况的平均样品。

(2)水产品。小鱼、小虾,可随机采取多个检样,切碎、混匀后形成原始样品,再分取缩减得到所需数量的平均样品;对个体较大的鱼,可从若干个体上切割少量可食部分得到检样,切碎、混匀后形成原始样品,再分取缩减得到所需数量的平均样品。

(3)果蔬。体积较小的(如山楂、葡萄等),可随机采取若干个整体作为检样,切碎、混匀形成原始样品。再分取缩减得到所需数量的平均样品;体积较大的(如西瓜、苹果等)可按成熟度及个体大小的组成比例,选取若干个个体作为检样,对每个个体按生长轴纵剖分 4 份或 8 份,取对角线 2 份,切碎、混匀得到原始样品,再分取缩减得到所需数量的平均样品;体积蓬松的叶菜类(如菠菜、小白菜等),由多个包装(一筐、一捆)分别抽取一定数量的检样,混合后捣碎、混匀形成原始样品,再分取缩减得到所需数量的平均样品。

(五)小包装食品(罐头、袋或听装奶粉等)

这类食品一般按班次或批号连同包装一起采样。如果小包装外还有大包装(如纸箱),可在堆放的不同部位抽取一定量 $\sqrt{总件数/2}$ 的大包装,打开包装,从每箱中抽取小包装(瓶、袋等)作为检样;将检样混合均匀形成原始样品,再分取缩减得到所需数量的平均样品。

1. 罐头

(1)一般按生产班次取样,取样数为 1/300,尾数超过 1 000 罐者方增取 1 罐,但是每天每个品种取样数不得少于 3 罐。

(2)某些罐头生产量较大,则以班产量总罐数 20 000 罐为基数,其取样数按 1/3 000,超过 20 000 罐以上罐数,其取样数可按 1/10 000,尾数超过 1 000 罐者,增取 1 罐。

(3)个别产品生产量过小,同品种、同规格者可合并班次取样,但并班总罐数不超过 5 000 罐,每生产班次取样数不少于 1 罐,并班后取样基数不少于 3 罐。

(4)按杀菌取样,每锅检取 1 罐,但每批每个品种不得少于 3 罐。

2. 袋、听装奶粉

乳粉用箱或桶包装者,则开启总数的 1%,用 83 cm 长的开口采样插,先加以杀菌,然后自容器的四角及中心采取样品各一插,放在盘中搅匀,采取约总量的 1/1 000 作为检验用。采取瓶装、听装的乳粉样品时,可以按批号分开,自该批产品堆放的不同部分采取总数的 1/1 000 作为检验用,但不得少于 2 件。尾数超过 500 件者应加抽 1 件。

四、抽样操作

(一)抽样准备

品管部质监员接到抽样通知后,做好以下准备工作。

(1)根据请验单的品名、规格、数量计算抽样样品数、抽样量,原则如下(n 为来料总件数):当 $n \leqslant 5$ 时,每件抽样;当 $n < 300$ 时,随机抽取;当 $n > 300$,随机抽取。抽样量至少为一次全检量的 3 倍。

(2)准备清洁干燥的抽样器、样品盛容器和辅助工具(手套、样品盒、剪刀、刀子、标签、笔、抽样证等)前往规定地点抽样。

(二)抽样操作

1. 现场核对

(1)核对物料状态标志。物料应置待验区,有待验标记。

(2)请验单内容与实物标记应相符,内容为品名、批号、数量、规格、产地、来源,标

视频:抽样操作　　动画:填写
抽样单

记清楚完整。

(3)核对外包装的完整性，无破损、无污染、密闭。

(4)现场核对如不符合要求应拒绝抽样，向请验部门询问清楚有关情况，并将情况报告品管部负责人。

2. 随机抽取原则

按抽样原则随机抽取规定的样品件数，清洁外包装移至抽样室内抽样。

3. 抽样程序

打开外包装，根据待抽样品的状态和检验项目不同采取不同的取样方法。

(1)固体样品用洁净的探子在每一包件的不同部位抽样，放在有盖玻璃瓶或无毒塑料瓶内，封口，做好标记(品名、规格、批号等)。

(2)液体样品摇匀后(个别品种除外)用洁净玻璃管或油提抽取，放在洁净的玻璃瓶中，封口，做好标记。

(3)微生物限度检查样品用已灭过菌的抽样器在每一包件的不同部位按无菌操作法抽样，封口，做好标记。

(三)抽样结束

(1)封好已打开的样品包件，每一包件上贴上抽样证。

(2)填写抽样记录。

(3)协助请验部门将样品包件送回库内待验区。

(四)抽样容器、用具的清洗、干燥、储存

1. 抽样容器、用具的清洗与消毒

(1)在洗池或洗槽内清洗用具，必要时，可用适当的清洁剂。

(2)先用饮用水清洗，然后用纯化水淋洗至淋洗液呈中性。

(3)清洗后，将容器用清洁的擦布擦干；塑料用具应擦干。

(4)干燥后，将容器、用具盖好盖子或放入橱内。

2. 抽样容器、用具的灭菌

(1)需要灭菌的抽样容器、用具在清洁后 4 h 内进行灭菌。

(2)消毒好的用具应在 12 h 之内使用，使用之前移至指定的地点。

(3)超过时限未使用的用具，应进行重新灭菌处理。

(4)与微生物限度检查使用器具一同储存。

五、样品封装

视频：样品封装　动画：饼干抽样
的封样

样品一经抽取，抽样人员应在现场以妥善的方式进行封样，并贴上盖有抽样单位公章的封条，以防止样品被擅自拆封、动用及调换。封条上应由被抽样单位和抽样人员双方签字或盖章确认，注明抽样日期。封条的材质、格式(横式或竖式)、尺寸大小可由抽样单位根据抽样需要确定。

样品封装需要注意以下事项。

(1)抽样人员封样时，应当采取防拆封措施，以保证样品的真实性。

(2)封签纸上应填写抽样日期，并由抽样人员及企业代表签名或盖章。

（3）对检验用样品、备用样品分别封装，封条应加在每个可能拆开的包装处，必要时，使用数码相机对抽样现场和封存的样品拍照留底备查。

（4）样品需要被抽样单位送样时，应在抽样后立即封签完好，确保样品不损坏、不调包。

（5）样品封存留样地点按抽样方案执行。

（6）对易碎品、危险化学品、有特殊储存条件等要求的样品应当采取措施，保证样品运输过程中状态不发生变化。

（7）所抽样品分为检验样品和复检备份样品。其中，复检备份样品应单独封样，交由承检机构保存。

六、抽样单填写

视频：抽样单填写

（一）总体要求

（1）抽样人员应当使用规定的《国家食品安全抽样检验抽样单》，详细完整记录抽样信息。抽样文书应当字迹工整、清楚，容易辨认，不得随意更改。如需要更改信息应当由被抽样单位签字或盖章确认。

（2）抽样单上被抽样单位名称应严格按照营业执照或其他相关法定资质证书填写。被抽样单位地址按照被抽样单位的实际地址填写，若在批发市场等食品经营单位抽样，应记录被抽样单位摊位号。被抽样单位名称、地址与营业执照或其他相关法定资质证书上名称、地址不一致时，应在抽样单备注栏中注明。

（3）抽样单上样品名称应按照食品标示信息填写。若无食品标示，可根据被抽样单位提供的食品名称填写，需在备注栏中注明"样品名称由被抽样单位提供"，并由被抽样单位签字确认。若标注的食品名称无法反映其真实属性，或使用俗名、简称，应同时注明食品的"标称名称"和"标准名称或真实属性名称"，如"稻花香（大米）"。

（4）被抽样品为委托加工的，抽样单上被抽样单位信息应填写实际被抽样单位信息，标称的食品生产者信息填写被委托方信息，并在备注栏中注明委托方信息。

（5）必要时，抽样单备注栏中还应注明食品加工工艺等信息。

（6）抽样单填写完毕后，被抽样单位应当在抽样单上签字或盖章确认。

（7）实施细则中规定需要企业标准的，抽样人员应索要食品执行的企业标准文本复印件，并与样品一同移交承检机构。

（二）抽样单填写细则

（1）抽样单编号：抽样单位对所采集样品的编号，按《国家食品安全抽样检验抽样单编号规则》编制填写，一个样品对应唯一的抽样编号，如图2-3所示。

（2）国抽：＋（年代号后两位）＋（省级名称）＋（抽样机构代号）＋（流水号）。

（3）省抽生产环节：＋（年代号）＋（抽样单位所在地代号）＋（流水号）。

（4）省抽流通环节：＋（年代号）＋（抽样单位所在地代号）＋（流水号）。

（5）省抽餐饮环节：＋（年代号）＋（抽样单位所在地代号）＋（流水号）。

（6）No.：抽样单印制的流水号。

任务来源				任务类别	□监督抽查　□风险监测
被抽样单位信息	单位名称			区域类型	□城市　□乡村　□景点
	单位地质	_____县（市、区）_____乡（镇）			
	法人代表		年销售额	万元	营业执照	
	联系人		□流通许可证　□餐饮服务许可证		
	电话		传真		邮编	
被抽地点	生产环节：□原辅料库 □生产线 □半成品库 成品库（□待检区 □已检区） 流通环节：□农贸市场 □菜市场 □批发市场 □商场 □超市 □小食杂店 □网购 □其他（_____） 餐饮环节：餐馆（□特大型餐馆 □大型餐馆 □中型餐馆 □小型餐馆） 食堂（□机关食堂 □学校/托幼食堂 □企事业单位食堂 □建筑工地食堂） □小吃店 □快餐厅 □饮品店 □集体用餐配送单位 □中央厨房 □其他（_____）				
样品信息	样品来源		□加工/自制 □委托生产 □外购 □其他		
	样品属性		□普通食品 □特殊膳食品 □节令食品 □重大活动保障食品		
	样品类型		□食用农产品 □工业加工食品 □餐饮加工食品 □食品添加剂 □食品相关产品 □其他（_____）		
	样品名称			商标	
	□生产/□加工/□购进日期		年　月　日	规格型号	
	样品批号			保质期	
	执行标准/技术文件			质量等级	
	生产许可证编号		单价		是否出口	○是　○否
	抽样基数/数量		抽样数量（含各类）		各类数量	
	样品形态	□固体□半固体□液体□气体	包装分类		□散装　□预包装	
（标称）生产者信息	生产者名称				
	生产者地址			联系电话	
（标称）样品保存条件	□常温 □冷藏 □冷冻 □避光 □密闭 □其他（_____）		寄、送样品截止日期		
			寄送样品地址		
抽样样品包装	□玻璃瓶 □密封袋 □塑料袋 □无菌袋 □其他（_____）		抽样方式		□无菌抽样 □非无菌抽样
抽样单位信息	单位名称		地址		
	联系人		电话	传真		邮编	
备注					
被抽样单位对抽样程序、过程、标样状态及上述内容无异议 被抽样单位签名（盖章）： 　　　　　年　月　日			抽样人（签名）： 抽样单位（含章）： 　　　　　　　年　月　日		

图 2-3　抽样单

（7）任务来源：填写出具《国家食品安全抽样检验告知书》下达抽检监测任务的食品药品监督管理部门的名称。

（8）任务类别："监督抽检"或"风险监测"，方案中既有监督抽检项目又有风险监测项目的样品需两者均选。

（9）被抽样单位名称：按照营业执照填写。"被抽样单位地址"按照省、市、县、乡、具体地址的格式填写被抽样单位的实际地址，若在批发市场等食品经营单位抽样，应记录被抽样单位摊位号。如果被抽样单位实际地址与营业执照或其他相关证照不一致，可在备注栏中注明。

(10)区域类型：在"城市、乡村、景点"中选择，其中："城市"为县中心城区及县级市以上的城(市)区域范围，"乡村"为城(市)区域以外范围，"景点"为旅游景点范围，选择"景点"时，应同时选择"城市"或"乡村"。

(11)□流通许可证和□餐饮服务许可证：按实际填写。

(12)法人代表：填写营业执照标示的法人姓名。如单位营业执照为负责人照，又无法提供准确的法人信息的，可填写执照上的负责人姓名；个体经营执照的名称填写经营者姓名；"联系人"应填写现场获知的被抽样单位具体负责人员的姓名；"电话"填写固定电话手机；"营业执照号"按营业执照标示号如实填写。应注意核对营业执照的有效期。

(13)年销售额：在生产加工环节抽样时填写，填写抽样品种类别的销售额。

(14)抽样地点：按抽样现场的真实抽样地点在相应的□中打"√"即可。

(15)样品来源、样品属性、样品类型：在相应的□中打"√"即可(样品来源是指对被抽样单位而言的样品来源，例如超市销售的产品，应选择外购；企业加工食品、餐饮环节自制的食品，或超市现场制售的食品，选择加工自制；餐饮环节原料，选择外购)。

(16)样品名称：按所抽样品标签标示填写，既要体现产品的真实属性(注意有些产品的大小字)，又要体现产品的唯一性，如风味牛肉干(麻辣味)、金领冠婴儿配方奶粉等。如标注的食品名称无法反映其真实属性，应添加括号注明食品的"标准名称或真实属性名称"，如中秋富贵(月饼)。所抽样品主要展示面标示产品名称，而在配料表上方又标注"产品名称"，两者名称不一致，且主要展示面标示的名称无法反映样品真实属性时，以"商业名称(产品名称)"填写。若无食品名称标示的，应根据被抽样单位提供的食品名称填写，并在备注栏中注明，"样品名称由被抽样单位提供"，并由被抽样单位签字确认。

(17)商标：按所抽样品标签标示填写，要注意商标的"™"(声明作为商标使用)或"®"(注册商标)标志，没有明确商标标志的可视为无，填写"未标注"或"无"，有多个商标的可自行选择一个主要商标(知名、显著位置优先)填上，有些商标不宜用汉字填写或者为图形的，应填写"图形商标"，或者既有汉字又有图形的填写"及图形商标"，商标为繁体字的也应如实填写。

(18)规格型号：按所抽样品标签标示填写，使用准确量词，并与样品标示信息中的量词保持统一，如瓶、克、盒、×盒、袋。

(19)生产/加工/购进日期：预包装食品按包装标签上标示的生产日期填写，格式应完全按样品的标示；产品标注限用日期的应填写"限用日期"。散装食品，按进货单标示的生产日期填写，餐饮自制食品或现场制售的食品按实际加工日期填写，餐饮环节抽取的食用农产品，按购进日期填写。

(20)样品批号：按所抽样品标签标示填写，样品标示未提及"批号"的视为"无"或"未标注"；婴幼儿配方乳粉产品批号标注存在批号中数字不同的情况(批号中含有生产的件数，或者中间插入生产的具体时间——时分秒等)，填写时应填写相同的部分，无法识别确认的，可填写"/"。生产日期后有产地代号或者生产线代号的，可以在批号中填写生产日期加代号。

(21)保质期：按所抽样品标签标示填写。有些产品根据季节和保存方式不同保质期可能不同，根据实际抽样时间填写，或者完整填写。

(22)质量等级：按所抽样品标签标示填写。在流通领域抽样时，产品标示无质量等级的，填写"未标注"；在执行标准后标注"一级"等质量等级内容的，按标准填写；在生产领域抽样时，样品标示中未标明质量等级但产品执行标准中又涉及质量等级的，应填写质量等级，在备注中注明"质量等级由被抽样单位提供"，由被抽样单位签字确认。

（23）执行标准/技术文件：按所抽样品标签标示填写，执行标准有年代号的应一并填写。

（24）生产许可证编号：应按所抽样品标签标示填写。

（25）单价：按样品包装标示销售价格或销售商提供的销售价格填写，在生产企业抽样时填写所抽样品的出厂售价。

（26）是否出口：按企业提供实际销售方式在相应□内打"√"即可。出口，是指同批次产品（同一产品）既在国内销售，又部分出口。同一批次产品（同一产品）全部出口的不予抽样。

（27）抽样基数/批量、抽样数量（含备样）、备样数量：按《抽检实施细则》相应产品要求的数量抽样并填写，数量单位应与规格型号中的单位一致。在流通领域抽样时，不填写批量，只填基数。各种数量逻辑关系和量词应统一。

（28）（标称）生产者名称、生产者地址、生产者联系人（删除）、联系电话按实际样品标签标示填写。对无明确标示内容的项目，填写"/"或"未标注"。被抽检样品为委托加工的，标称生产者填写被委托方名称，并在备注栏中注明委托方名称。

（29）样品形态、包装分类、（标称）样品的保存条件、抽样方式、抽样样品包装：按样品标示在相应□内打"√"即可。"（标称）样品保存条件"，预包装食品，按照包装标示的样品储存条件选择或填写，食用农产品、餐饮食品按《抽检实施细则》规定的储运条件选择或填写。

（30）寄送样品截止日期、寄送样品地址：抽样人员自行送达承检机构的，填写"/"。特殊情况下邮寄样品的，寄送日期应确保样品在抽样后日内到达承检机构。检验机构负责自行抽样的，填"/"。

（31）抽样单位信息：按抽样人员所在单位全称填写，与抽样单位公章一致。

（32）备注：填写其他需要说明或采集的信息，"产品类型""加工工艺"等产品标准中与检验相关技术信息，以及"实际抽样地址与执照不一致"等其他需要说明的事项。

（33）被抽样单位签名、抽样人、抽样单位：被抽样单位工作人员签字确认，并加盖被抽样单位公章或其他合法印章，公章或其他合法印章的单位名称应与所填写的被抽样单位名称保持一致，对无法提供相应合法印章的，加按指印确认。"抽样人、抽样单位"，由实际抽样人员签字（两人或两人以上），并加盖抽样单位公章。

知识点四　抽样样品的质量保证与质量控制

一、抽样过程质量保证的基本要求

随着经济的发展和生活水平的不断提高，人们对身体健康的关注程度不断提升，对食品需求也不再仅仅满足于温饱水平上，同时也更加关注食品的安全，食品的质量与安全已经成为影响人民群众生活满意度的重要因素，也关系到经济发展和社会稳定。为能够有效保障人民健康，让广大人民群众能够吃上放心食品，食品检验已经成为食品安全监督管理、食品贸易、解决食品质量纠纷的一个重要环节。其中，食品抽样过程的质量直接关系到食品检验的结果是否真实、准确、可靠。科学合理的食品抽样，有利于食品检验工作高效率、高质量地完成；如果食品抽样方式不健全，抽样过程质量没有保证，将直接影响食品检验结果，从而导致食品监督管理无法有效进行，也不利于保证我国食品领域的健康有序发展。因此，加强抽样过程质量管理是做好检验工作的前提和保证，具有非常重要的意义。

视频：抽样过程 视频：抽样过程
质量保证的基本 质量保证的基本
要求（一） 要求（二）

样品的采集和制备已成为食品检验中最大的试验误差来源，为给食品检验、食品抽样把好关，相关部门发布了一系列规章制度，对抽样、检验、结果报告等作出了详尽严格的要求。2016 年 12 月 30 日，国家食品药品监督管理总局以食药监科〔2016〕170 号印发《食品检验工作规范》。该《规范》分总则、抽（采）样和样品的管理、检验、结果报告、质量管理、监督管理、附则 7 章 43 条。2019 年 8 月 8 日国家市场监督管理总局公布《食品安全抽样检验管理办法》，自 2019 年 10 月 1 日起施行。

（一）食品抽样的基本要求

为保证检验的质量，食品抽样的基本要求如下。

1. 抽样前的准备工作要求

（1）明确抽样检验任务种类和目的。根据食品安全监督管理的靶向性要求，食品抽检工作可分为监督抽检、评价性抽检和风险监测三类。监督抽检和评价性抽检，均由市场监督管理部门按照法定程序和食品安全标准进行，前者是以排查风险为目的，后者是对市场上食品的总体安全状况进行评估。风险监测是对没有食品安全标准的，有安全风险的食品类别开展监测。

（2）明确抽样工作的原则。抽样工作是以发现和查处食品安全问题为导向，对于居民日常消费量大、流通范围广泛的食品，应加大抽检力度；对于以往抽检风险程度较高的食品需增加抽检批次，尤其是加工环节中易污染的产品；初级农产品和进出口食品中的高风险食品类别，同样要引起重视。

（3）保证合理的抽样范围。食品抽样要做到全业态覆盖、全区域覆盖和全品种覆盖。

1）全业态覆盖是指对食品生产、流通、餐饮和网络销售等不同业态的全覆盖。对食用农产品经营单位、食品生产加工小作坊和餐饮单位自制食品的抽样频次应增加，保障食品安全抽检无死角。

2）全区域覆盖是指对城市、农村、城乡结合部等不同区域的全覆盖。重点加大对学校和企业食堂、校园周边和大型批发市场等场所的抽检力度。

3）全品种覆盖是指监督抽检应覆盖所有食品大类、品种和细类。抽样应覆盖任务涉及地区已获食品生产许可证的在产食品生产企业，新开办的食品和餐饮单位也应纳入抽检范围。

2. 抽样过程的合规性要求

（1）抽样人员要求。抽样人员应按照相关规定和制度的要求，明确工作职责，规范抽样流程，严守工作纪律，保证抽样工作质量。

食品安全抽样应遵守"双随机"原则，即抽样人员和抽样对象均为随机抽取。在执行现场抽样任务时抽样人员不得少于2人，并向被抽样食品生产经营者出示抽样检验告知书及有效身份证明文件。抽样过程涉及案件稽查、事故调查等情形的，应由行政执法人员陪同。由承检机构执行抽样任务的，还应当出示任务委托书。

抽样人员在执行抽样任务前，应进行专业技术培训。对由各级市场监督管理部门下达的抽检任务，严格按照相关抽检计算和抽检方案开展工作，对任务所涉及的食品安全标准和分类能熟练掌握。抽样人员需审查待抽样食品的相关证件，了解该批食品的原料来源、加工方法、运输保存条件、生产日期等，了解记录待检测食品的整体状况，不具备抽样条件的坚决不能抽样。

（2）抽样过程的关键点。

1）抽样的可追溯性。在对生产企业抽样时，应当记录被抽样食品生产经营者的营业执照、食品生产许可证等信息。抽检地点应为企业的成品库（已检区），即抽取企业生产的已经检验合格可以出厂销售的产品。在对食品经营和餐饮服务单位抽样时，应记录产品的进销货信息、产品库存量，并由被抽样单位负责人确认。风险监测、案件稽查、事故处理和应急处置中的抽样，不受抽样数量、抽样地点、被抽样单位是否具备合法资质的限制。

2）抽样的随机性。在进入抽样场所前，不应告知计划抽检的产品种类和批次，不得由食品生产经营者自行提供样品。在抽检场所内，确定所抽样品后，应在待销产品中随机选取样品，并现场确认同一批次样品的库存数量。

（二）食品抽样应避免的风险

作为食品抽样检验的首要基点，抽样过程的规范合理起到了关键作用。为保证抽样过程质量，在实际工作中，需避免以下风险。

1. 抽样规范风险

食品抽样工作现场程序要合法、规范，严格执行已经确定的抽样方案，按照抽样工作规范和《抽检实施细则》抽样，保证所抽样品的真实性和代表性。避免出现抽样的不均匀性、抽样样品不具有代表性、备检样品封存不当等情况。

2. 废样风险

食品抽样工作一般由多人小组在外共同对各地的流通和生产领域抽样，难免会因为信息交流不及时而抽到了同一批次的样品或超过同一生产厂家最大抽取批次数量的样品，从而产生废样；或由于食品分类的交叉性，食品标签不明确，造成抽样人员对类别判断失误，也会产生废样；而运输保存样品不当，也会造成样品损坏或检验量不够。

3. 廉政风险

抽样人员作为直接对接生产经营者的人员，在抽样的同时可能会受到各种各样的诱惑，从而滋生腐败，出现不按规范抽样、所抽样品为生产经营者自行提供、抽取样品不具有代表性等问题，达不到抽检的真正目的。

二、抽样过程质量保证的控制措施

承担抽样工作的检验机构应当建立食品抽样工作控制程序，规范抽样流程，从抽样前、抽样时、抽样后三个环节入手，环环相扣，采取科

视频：抽样过程质量保证的控制措施

学合理的控制措施，保证抽样质量。

(一)抽样前质量控制措施

1. 建立抽样管理制度

抽样单位应建立科学规范的食品抽样管理制度，明确岗位职责、抽样流程和工作纪律，从而科学开展食品抽样工作。

2. 制订抽样方案

食品抽样实施方案是抽样单位开展食品抽检工作的第一关键环节，科学合理地制订抽样实施方案，是保证食品抽检结果公正、科学、准确的基础。抽样单位为了保障抽样工作的顺利、有序开展，提高抽样的靶向性，应制订详细的抽样方案，明确技术要求，突出重点对象和环节，从而提高抽检效率。

3. 开展抽样人员培训

抽样人员应当是质监部门或者承检机构的工作人员，需经培训考核合格后方可从事抽样工作。抽样单位应加强对抽样人员的培训考核，确保抽样工作的有效性。培训主要包括以下内容。

(1)《中华人民共和国食品安全法》《食品安全抽样检验管理办法》《食品安全监督抽检和风险监测工作规范》《国家食品安全监督抽检和风险监测实施细则》等相关文件。

(2)抽检监测任务相关产品的产品标准、食品生产许可知识等。

(3)抽样文书填写的内容和标准。

(4)抽样地域、环节、业态、品种、数量、标准、方法，样品运送方式等。

(5)抽样过程中曾经出现的问题及处理方法、抽样工作中的纪律和沟通技巧等。

(二)抽样时质量控制措施

1. 程序规范

为保证抽样质量，程序规范是基础。抽样单位遵守食品抽样管理制度，依据抽样方案进行抽样，抽样过程应当确保样品的完整性、安全性和稳定性。样品数量应当满足检验工作的需要。抽样人员执行现场抽样任务时不得少于 2 人，并向被抽样食品生产经营者出示抽样检验告知书及有效身份证明文件。由承检机构执行抽样任务的，还应当出示任务委托书。案件稽查、事故调查过程中的食品安全抽样活动，应当由食品安全行政执法人员进行或者陪同。

2. 对象明确

抽样时要了解产品标准、产品定义和分类，抽样对象若有误，整个抽检工作则将是无用功。

3. 文书准确

抽样人员应当使用规范的抽样文书，详细记录抽样信息。记录保存期限不得少于 2 年。抽样单填写时要注意细节，避免出现以下问题，如字迹潦草，无法辨认；被抽样单位的地址填写不完全或者未按实际抽样地址填写；联系电话多 1 个数字或少 1 个数字；抽样单编号重号；生产企业名称填写不完整；样品生产日期不一致或生产日期填写错误等。

(三)抽样后质量控制措施

抽样单位应当有样品的标识系统，并规范样品的接收、保存、流转等工作，确保样品处于受控状态，避免混淆、污染、损坏、丢失、退化等影响检验工作的情况出现。样品的保存期限应当满足相关法律法规、标准要求，应当建立超过保存期限的样品无害化处置程序并保存相关审批、处置记录。

知识点五　样品的保存和运输

视频：样品的保存

一、样品的保存

样品是检验工作的对象，所以对样品妥善保管是不容忽视的。凡是进入化验室的样品，都必须建立保管与处理制度，逐样进行编号、登记，并妥善保管。食品抽样的样品，为防止其水分或挥发性成分散失，以及其他待测成分含量的变化，应在短时间内进行分析，尽量做到当天样品当天分析。抽取的样品应由抽样人员携带或寄送至承检机构，不得由被抽样单位自行寄送样品。原则上被抽样样品应在 5 个工作日内送至承检机构，对于保质期短的食品应及时送至承检机构。对于易碎品，以及有冷藏、冷冻或其他特殊储运条件要求的食品样品，抽样人员应当采取适当措施，使样品保存、运输过程符合国家相关规定和包装标示的要求，保证不发生受潮、挥发、风干、变质等影响检验结论的变化，以保证测定结果的准确性。

（一）样品在保存过程中的变化

1. 吸水或失水

样品原来含水率高的易失水，反之则吸水；含水率高的还易发生霉变，细菌繁殖快。由于水分的含量直接影响样品中各物质的浓度和组分比例，对含水率多，一时又不能测定完的样品，可先测其水分，保存烘干样品，分析结果可通过折算，换算为鲜品中某物质的含量。

2. 霉变

特别是新鲜的植物性样品，易发生霉变。当组织有损坏时更易发生褐变，因为组织受伤时，氧化酶发生作用，变成褐色。对于组织受伤的样品不易保存，应尽快分析。例如：茶叶采下来时，可先脱活（杀青），也就是先加热脱去酶的活性。

3. 细菌污染

食品由于营养丰富，往往容易产生细菌，所以为了防止细菌污染，通常采用冷冻的方法进行保存。样品保存的理想温度为 −20 ℃；有的为了防止细菌污染可加防腐剂，比如牛奶中可加甲醛作为防腐剂，但量不能加得过多，一般是 1～2 滴（100 mL 牛奶）。

4. 脂质的氧化

食品中的脂肪易发生氧化，光照、高温、氧气或过氧化剂都能增加被氧化的概率。因此通常将这种含有高不饱和脂肪酸的样品保存在氮气或惰性气体中，并且低温存放于暗室或深色瓶子里，在不影响分析结果的前提下可加入抗氧化剂减缓氧化速度。

5. 食品形态改变

食品形态的改变也会对样品的分析有影响。例如：脂肪的融化、冰的融化或水的结晶，可能使食品结构属性发生变化，进而影响某些成分结构。通过控制温度和外力可以将形态变化控制到最低程度。

(二)样品的保存要求

样品的保存要做到净、密、冷、快。

1. 净

采集和保存样品的一切工具和容器必须清洁干净，不得含有待测成分，净也是防止样品腐败变质的措施。

2. 密

样品包装应是密闭的，以稳定水分，防止挥发成分损失，避免在运输、保存过程中引入污染物质。

3. 冷

将样品在低温下保存，以抑制酶活性，抑制微生物的生长。

4. 快

采样后应尽快分析，对于含水率高、分析项目多的样品，如不能尽快分析，应先将样品烘干测定水分，保存烘干样品。

(三)样品在保存过程中应注意的问题

当采集的样品不能马上分析时，应用密塞加封，进行妥善保存。食品样品在保存的过程中，应注意以下几点。

1. 保存样品的容器

保存样品的容器有玻璃、塑料、金属等，最好放在避光处。原则上保存样品的容器不能同样品的主要成分发生化学反应。建议优先选用清洁干燥的优质磨口玻璃容器，容器外贴上标签，注明食品名称、采样日期、编号、分析项目等。切忌使用带橡皮垫的容器。

2. 宜常温保存的样品

常温是指 10～30 ℃。常温保存主要适用于粮食、食用油、调味品、糖果、瓶装饮料等不易腐败的食品，也可以根据定型包装食品中标注的保存条件确定。常温储存的基本要求：储存场所清洁卫生；保存场所阴凉干燥；避免高温。对于高水分的样品可在抽样后立即取一部分先测其水分，对其余样品可在低温、干燥条件下保存。

3. 易腐败变质的样品

易腐败变质的样品，在报告发出后，合格样品可及时处理，微生物检验一般致病菌阳性样品发出报告后 15 天(特殊情况可适当延长)方能处理样品。易变质样品的处理，由保管员提出清单和处理意见，业务室主任审核后处理。样品最长保留时间为食品保质期后或样品结果异议期过后。

容易腐败变质的样品可用以下方法保存，使用时可根据需要和测定要求选择。

(1)冷藏。适合短期保存，温度一般以 0～5 ℃为宜，可用于蔬菜、水果、熟食、乳制品等食品抽样样品的保存。

(2)冷冻。冷冻保存的温度一般以 －29～0 ℃为宜，用冷冻冰柜或低温冷库等保存食品，可用于水产品、畜禽制品、速冻食品等食品抽样样品的保存。

(3)干藏。可根据样品的种类和要求采用风干、烘干、升华干燥等方法。其中，升华干燥又称为冷冻干燥，它是在低温和高真空度的情况下对样品进行干燥(温度：$-100 \sim -30 \ ℃$，压强：$10 \sim 40 \ Pa$)，食品的变化可以减至最低程度，保存时间也较长。

(4)罐藏。不能即时处理的鲜样，在允许的情况下可制成罐头保存。例如，将一定量的试样切碎后，放入乙醇($\phi = 96\%$)中煮沸 30 min(最终乙醇浓度应在 $78\% \sim 82\%$ 的范围内)，冷却后密封，可保存一年以上。

4. 已腐败变质的样品

已腐败变质的样品应弃去不要，重新采样分析。

5. 注意酶活力的影响

对于可能存在酶活力的样品，要采用冷冻、低温及快速处理的方式。

6. 注意微生物的生长和交叉污染

如果食品中存在活的微生物，在不加控制的条件下极易改变样品的成分。冷冻、烘干、热处理和添加化学防腐剂是常用于控制食品中微生物的技术。对于这类食品要尽可能地快速完成样品的制备。

总之，样品在保存过程中要防止受潮、风干、变质，保证样品的外观和化学组成不发生变化。分析结束后的剩余样品，除易腐败变质的样品不予保留外，其他样品一般保存期为一个月，以备复查。保留期从检验报告单签发之日起开始计算。保留样品加封存入适当的地方，并尽可能保持原状。样品最长保留时间为食品保质期后或样品结果异议期过后。对已检验的样品，如无须保留则应及时处理。该深埋的有毒样品要深埋，以防止污染和避免造成有害事故发生。

二、样品的运输

视频：样品的运输

抽样作业结束后，抽样人员应按样品的保存要求采取适当措施，选用科学的运输方式，尽快运抵试验室，保证样品在运输过程中保持其原有属性，减少相关因素的影响，提高食品抽样检测的准确性，从而有效掌握食品卫生质量状况，保证食品安全。

(一)抽检样品运输的基本要求

现场抽样时，样品、抽样文书及相关资料应当由抽样人员于 5 个工作日内携带或者寄送至承检机构，不得由被抽样食品生产经营者自行送样和寄送文书。因客观原因需要延长送样期限的，应当经组织抽样检验的市场监督管理部门同意。对有特殊保存和运输要求的样品，抽样人员应当采取相应措施，保证样品保存、运输过程符合国家相关规定和包装标示的要求，不发生影响检验结论的变化。

(二)抽检样品运输的一般要求

(1)运输时应保持样品的完整性，防止外部污染。

(2)采集的样品应放在无菌或对检测项目无干扰的容器内，如聚乙烯无菌袋。每个样品应包装密封，避免样品的交叉污染和环境污染，并使用合适尺寸的容器运输样品。

(3)所有样品应尽快送抵试验室。特殊情况下(如路途遥远等)可适当延长时间，但样品检测时不能超过其保质期，如路途遥远，可将不需冷冻的样品保持在 $2 \sim 5 \ ℃$ 环境中。

（4）运送冷冻和易腐食品应在包装容器内加适量的冷却剂或冷冻剂，保证途中样品不升温或不融化，必要时可于途中补加冷却剂或冷冻剂。冷藏和冷冻样品要分开运输。

（5）如有专人携带样品，应科学选择车辆类型。选择的车辆车体具备充足的空间放置抽样样品，可通过分层隔断、划分后备厢区域等方式加以改造，在放置样品时，可根据不同食品类型划分区域，如酥脆食品区、常规食品区、流质食品区等，有效解决样品杂乱、易交叉污染的问题。

（6）如样品不能由专人携带，也可托运。托运前必须将样品包装好，应能防破损、防冻结、防易腐和防冷冻样品升温或融化，在包装上应注明"防碎""易腐""冷藏"等字样。

（7）做好样品运送记录，写明运送条件、日期、到达地点及其他需要说明的事项，并由运送人签字。

知识点六　网络食品抽样

视频：网络食品
抽样要求

一、网络食品抽样要求

随着我国电子商务经济的高速发展，电商平台网购已成为人们日常生活中必不可少的一部分。因不受地域限制、品种齐全、实惠便捷等特点，网购食品越来越受消费者欢迎，线上食品销售也逐步成为食品行业新的增长点。网络食品销售的快速发展不仅给消费者带来了便利，还给食品安全带来了新的问题。网络食品存在着虚拟性、隐蔽性、跨地域、流通范围广、不确定性等特点，这也导致网络食品的安全隐患日渐增多。参与网络经营的主体越来越多，如自营网络平台、第三方网络平台等，而食品网店的准入门槛低、正规手续缺乏、无证无照经营行为普遍，导致假冒伪劣、"三无"产品的日益增多。第三方网络平台经营管理不到位，入驻平台的经营者供货渠道不明，食品质量安全难以保证等，网络销售食品的安全问题日益凸显。国家先后出台《网络食品安全违法行为查处办法》《食品安全抽样检验管理办法》等多个办法来规范网络食品安全抽样和安全监督管理。

（一）《网络食品安全违法行为查处办法》的相关要求

网络食品安全与人民群众的日常生活关系密切，也成为食品安全监督管理关注的焦点。为依法查处网络食品安全违法行为，加强网络食品安全监督管理，保证食品安全，国家食品药品监督管理部门于 2016 年 7 月公布，于 2016 年 10 月 1 日实施《网络食品安全违法行为查处办法》（以下简称《查处办法》）。该办法适用于中华人民共和国境内网络食品交易第三方平台提供者及通过第三方平台或者自建的网站进行交易的食品生产经营者（以下简称入网食品生产经营者）违反食品安全法律、法规和规章或者食品安全标准行为的查处。县级以上地方食品药品监督管理部门负责本行政区域内网络食品监督抽验及安全违法行为查处工作。

1. 网络食品交易第三方平台提供者的网络食品安全义务

网络食品交易第三方平台提供者和入网食品生产经营者应当履行法律、法规和规章规定的食品安全义务，应当对网络食品安全信息的真实性负责，并配合食品药品监督管理部门对网络食品安全违法行为的查处，按照食品药品监督管理部门的要求提供网络食品交易相关数据和信息。网络食品安全义务包括网络食品交易第三方平台提供者应当在通信主管部门批准后 30 个工作日内，向所在地省级食品药品监督管理部门备案，取得备案号；通过自建网站交易的食品生产经营者应当在通信主管部门批准后 30 个工作日内，向所在地市、县级食品药品监督管理部门备案，取得备案号；省级和市、县级食品药品监督管理部门应当自完成备案后 7 个工作日内向社会公开相关备案信息，包括域名、IP 地址、电信业务经营许可证、企业名称、法定代表人或者负责人姓名、备案号等。

网络食品交易第三方平台提供者应当建立入网食品生产经营者审查登记、食品安全自查、食品安全违法行为制止及报告、严重违法行为平台服务停止、食品安全投诉举报处理等制度，并在网络平台上公开。网络食品交易第三方平台提供者应当对入网食品生产经营者食品生产经营许可证、入网食品添加剂生产企业生产许可证等材料进行审查，如实记录并及时更新。网络食品交易第三方平台提供者和通过自建网站交易食品的生产经营者应当记录、保存食品交易信息，保存时间不得少于产品保质期满后 6 个月；没有明确保质期的，保存时间不得少于 2 年。网络食品交易第三方平台提供者应当设置专门的网络食品安全管理机构或者指定专职食品安全管理人员，对平台上的食品经营行为及信息进行检查。

2. 入网食品生产经营者的行为规范

网络交易的食品有保鲜、保温、冷藏或者冷冻等特殊保存条件要求的，入网食品生产经营者应当采取能够保证食品安全的储存、运输措施，或者委托具备相应储存、运输能力的企业储存、配送。入网食品生产经营者不得从事下列行为。

(1)网上刊载的食品名称、成分或者配料表、产地、保质期、保存条件，生产者名称、地址等信息与食品标签或者标识不一致。

(2)网上刊载的非保健食品信息明示或者暗示具有保健功能；网上刊载的保健食品的注册证书或者备案凭证等信息与注册或者备案信息不一致。

(3)网上刊载的婴幼儿配方乳粉产品信息明示或者暗示具有益智、增加抵抗力、提高免疫力、保护肠道等功能或者保健作用。

(4)对在保存、运输、食用等方面有特殊要求的食品，未在网上刊载的食品信息中予以说明和提示。

(5)法律、法规规定禁止从事的其他行为。

3. 网络购买样品的行为规范

《查处办法》第二十五条指出，县级以上食品药品监督管理部门通过网络购买样品进行检验的，应当按照相关规定填写抽样单，记录抽检样品的名称、类别以及数量，购买样品的人员以及付款账户、注册账号、收货地址、联系方式，并留存相关票据。买样人员应当对网络购买样品包装等进行查验，对样品和备份样品分别封样，并采取拍照或者录像等手段记录拆封过程。

4. 网络购买样品检验不合格的处理规范

《查处办法》第二十六条指出，检验结果不符合食品安全标准的，食品药品监督管理部门应当按照有关规定及时将检验结果通知被抽样的入网食品生产经营者。入网食品生产经营者应当采取停止生产经营、封存不合格食品等措施，控制食品安全风险。通过网络食品交易第三方平台购买样品的，应当同时将检验结果通知网络食品交易第三方平台提供者。网络食品交易第三方平台提供者应当依法制止不合格食品的销售。入网食品生产经营者联系方式不详的，网络食品交易第三方平台提供者应当协助通知。入网食品生产经营者无法联系的，网络食品交易第三方平台提供者应当停止向其提供网络食品交易平台服务。

《查处办法》第二十七条指出，网络食品交易第三方平台提供者和入网食品生产经营者有下列情形之一的，县级以上食品药品监督管理部门可以对其法定代表人或者主要负责人进行责任约谈。

(1)发生食品安全问题，可能引发食品安全风险蔓延的。

(2)未及时妥善处理投诉举报的食品安全问题，可能存在食品安全隐患的。

(3)未及时采取有效措施排查、消除食品安全隐患，落实食品安全责任的。

(4)县级以上食品药品监督管理部门认为需要进行责任约谈的其他情形。

责任约谈不影响食品药品监督管理部门依法对其进行行政处理，责任约谈情况及后续处理情况应当向社会公开。被约谈者无正当理由未按照要求落实整改的，县级以上地方食品药品监督管理部门应当增加监督检查频次。

(二)《食品安全抽样检验管理办法》的相关要求

为规范食品安全抽样检验工作，加强食品安全监督管理，保障公众身体健康和生命安全，根据《中华人民共和国食品安全法》等法律法规，国家市场监督管理总局于2019年8月公布，并于2019年10月1日实施的《食品安全抽样检验管理办法》(以下简称《管理办法》)。本办法适用于市场监督管理部门组织实施的食品安全监督抽检和风险监测的抽样检验工作。县级以上地方市场监督管理部门负责组织开展本级食品安全抽样检验工作，并按照规定实施上级市场监督管理部门组织的食品安全抽样检验工作。本办法在第十八条、第二十七条和第二十九条分别对网络食品安全抽样检验作出了具体规定。

1. 关于网络食品安全抽样的行为规范

《管理办法》第十八条指出，市场监督管理部门开展网络食品安全抽样检验时，应当记录买样人员以及付款账户、注册账号、收货地址、联系方式等信息。买样人员应当通过截图、拍照或者录像等方式记录被抽样网络食品生产经营者信息、样品网页展示信息，以及订单信息、支付记录等。抽样人员收到样品后，应当通过拍照或者录像等方式记录拆封过程，对递送包装、样品包装、样品储运条件等进行查验，并对检验样品和复检备份样品分别封样。

2. 关于网络食品安全抽检不合格通报的行为规范

《管理办法》第二十七条指出，国家市场监督管理总局组织的食品安全监督抽检的检验结论不合格的，承检机构除按照相关要求报告外，还应当通过食品安全抽样检验信息系统及时通报抽样地以及标称的食品生产者住所地市场监督管理部门。地方市场监督管理部门组织或者实施食品安全监督抽检的检验结论不合格的，抽样地与标称食品生产者住所地不在同一省级行政区域的，抽样地市场监督管理部门应当在收到不合格检验结论后通过食品安全抽样检验信息系统及时通报标称的食品生产者住所地同级市场监督管理部门。同一省级行政区域内不合格检验结论的通报按照抽检地省级市场监督管理部门规定的程序和时限通报。通过网络食品交易第三方平台抽样的，除按照前两款的规定通报外，还应当同时通报网络食品交易第三方平台提供者住所地市场监督管理部门。

3. 关于网络食品安全抽检不合格通知的行为规范

《管理办法》第二十九条指出，县级以上地方市场监督管理部门收到抽检不合格检验结论后，应当按照省级以上市场监督管理部门的规定，在 5 个工作日内将检验报告和抽样检验结果通知书送达被抽样食品生产经营者、食品集中交易市场开办者、网络食品交易第三方平台提供者，并告知其依法享有的权利和应当承担的义务。

(三)网络食品抽样要求

网络食品抽样是网络食品监督抽检的第一步，做好这一步至关重要，与实体生产经营环节相比，网络食品抽样存在一些特殊的要求。

1. 采取"神秘买家"抽检制度

为应对在线购物的虚拟性和信息不对称等监督管理难点，护航网络食品安全，最大限度地保证抽检过程真实、公正及抽检样品的代表性，保障消费者权益，全国多地对网络食品采取"神秘买家"抽检制度。较早推行这项制度的网络食品第三方平台是淘宝。早在 2011 年年底，淘宝商城就开始搭建"神秘买家"抽检平台，其制定的《淘宝网商品品质抽检规则》规定："由淘宝网指定的人员以普通消费者身份在卖家店铺中下单购买拟检测的样品，并交由国家认可的质检机构进行检测。"

"神秘买家"制度设计中有一个重要的时间段，即从购买样品到样品到达买样人手里的时间。在此期间，购买过程要保证"神秘性"，保证商家在送货时不知晓该产品是监督管理部门或检测机构匿名购买的，这可在最大程度上还原真实的消费过程，从而保证抽样的真实性和公正性。

2."神秘买家"抽检的问题及注意事项

不同于实体店的抽样，抽样人员可以在同一批次产品中进行抽样，网络食品检验检测机构抽样人员需以"普通消费者"身份进行买样，卖家随机发货，因此抽检的样品可能源于不同生产批次，导致无法满足检验要求，从而造成抽检任务失败，无法进一步检验检测。可以通过加大一次性购买样品量来协调，但同时又会增加购买样品的成本，并且购买量大也易引起销售者的警觉，从而拒绝出售。

不合格食品货值难以准确计算是"神秘买家"抽检的另一个问题。很多网络食品经营者为了提高店铺的商业信誉度，存在刷单行为，这会给监督管理执法人员在办案中确定"货值"增加难度。"货值"是查办食品案件的关键数据，只有查清"货值"才能依据相关法律对网络食品经营者作出恰当处罚。

为此，运用"神秘买家"抽检网络食品时，应关注以下三点。

(1)抽检过程以及对不合格样品的核查处置流程应符合法规规范要求。

(2)重点保证抽检过程留存证据的完整性与有效性。

(3)电商业态发展较快，监督管理应与时俱进。

二、网络食品抽样过程

开展网络食品监督抽检工作是保障消费者权益，降低食品质量安全风险的有效措施。

视频：网络食品
抽样过程

(一)网络食品抽样工作程序

1. 抽样人员备案

应确定执行网上抽样任务的抽样人员信息，以及其在拟抽查的网络交易平台上注册账号、昵称、收货地址(可有多个)、支付方式、联系方式等信息报送组织抽检监测的部门备案。

2. 以消费者身份采样

网络食品检验检测机构抽样人员以"普通消费者"身份进行买样，不得预告通知网络食品经营者。

3. 买同批次的样品

抽样人员使用已备案的账户登录网络交易平台，根据任务要求，检索平台内的拟抽检食品，选择符合抽检要求的食品下单。抽检人员可采取加大买样数量等方式，抽取到满足检验和复检要求的同批次食品。

4. 买样凭证

抽样人员应使用已备案的支付方式向被抽样单位支付样品购置费。购物发票(或收据)允许使用已备案抽样人员姓名。

5. 采样信息

抽样人员可通过截图、拍照、录像等方式对被抽样样品状态及其他可能影响抽检监测结果的情形进行网络信息采集。网络信息采集应包括以下内容。

(1)样品展示页。

(2)网站上显示的食品信息，包括食品名称、型号规格、单价、商品编号等文字描述。

(3)支付记录。

(4)成功下单后的订单信息，包括订单编号、下订单的日期、收货人信息等。

6. 收样及信息采集

收到样品后，由至少2名抽样人员(均经备案)共同对收到的样品进行拆包、查验，根据样品信息填写抽样单、封条，2名抽样人员共同对抽样单、封条信息进行核对并签字确认，对检验样品和备份样品分别封样。

拍摄2名备案抽样人员共同对收到的样品包裹外观进行查验和拆包的镜头，需从快递单号开始，直到抽样人员完全拆开包裹，并展示其中样品的完整包装标签信息为止，中途镜头不能暂停。样品拆包完成后，抽样人员核对样品数量、样品标签、订单信息及生产日期一致的样品数量，符合抽样数量要求即可进行后续样品的录入和封样工作。拆包后如发现样品有破损、泄露等异常情况或收到的样品与购买的样品不一致、同批次的样品无法满足检验数量等不符合抽检要求的情况时，则不能进行后续的录入和封样工作，应保留异常情况的相关证据，与卖家协商退换货，并留存沟通记录。

在进行拆包、查验、封样过程中对现场情况通过录像、拍照等方式进行信息采集，采集的信息如下。

(1)拆包前收到样品的外包装及物流单据。

(2)拆包后的样品状态，应能体现样品的数量、外包装等信息，包装中有提供产品清单的应采集。

(3)封样后，对检验样品和备份样品拍照记录，照片应有显示封条上抽样单编号及抽样人员签名等。

（二）网络食品抽样单填写注意事项

1. 被抽样单位名称

应填写被抽样的网店名称，如果在网络食品第三方经营平台抽取的样品，被抽样单位名称首先应明确第三方经营平台名称，同时注明网店名称。

2. 被抽样单位地址

仅填写网络食品第三方经营平台总部所在省（区、市），以及所抽样品网址。

3. 抽样地点

选择网购。

4. 样品信息、生产者信息

按照样品标签上标注信息填写，抽样基数填"/"。

5. 订单号

在抽样单备注中注明网购时生成的订单号，如果网站上展示了被抽样单位营业执照、食品经营许可证等法定资质时，法定资质上被抽样单位名称、地址等信息填写到抽样单备注栏中。在"食品安全抽检监测信息管理系统"信息录入时，上述信息也填写到备注中。

任务实施

熏煮香肠中微生物指标的抽样

1. 制订食品抽样的方案

序号	步骤	任务内容
1	明确食品的品种	熏煮香肠属于（　　　）类食品，适用于（　　　　　）范围
2	明确抽样的环节	主要包括（　　　）、（　　　　）、（　　　）
3	明确抽样的方法	使用（　　　）或（　　　）方法
4	明确抽样的数量	依据（　　　）要求；如何计算（　　　　）确定数量为（　　　　）

2. 食品抽样的准备工作

序号	步骤	任务内容
1	明确随机方式	采用（　　　）方式随机选取
2	明确抽样的费用	（　　　　）支付费用
3	明确抽样的法律依据	依据（　　　）法律；（　　　　）法规、规章；（　　　　）食品安全标准
4	准备抽样	抽样工作人员不得少于（　　　）人；准备向被抽样食品生产经营者出示（　　　）和（　　　）；抽样准备（　　　　）物品；抽样准备工具包括（　　　　）
5	其他执法要求	抽样活动应（　　　）人员进行或者陪同保密要求（　　　　）

综合实训　样品采集

一、实训目的

(1)掌握苹果、青菜、大米、大排等几种食品原料的采集和保存方法。
(2)理解采样的注意事项。
(3)培养学生"食安天下"的责任感和认真钻研、团结协作的精神。
(4)培养收集国家标准或行业标准、产品信息等能力。

二、实训原理

1. 采样原理

采样是指从整批被检食品中抽取一部分有代表性的样品，供分析化验用。采样是食品分析的首项工作和重要环节。同一类的食品成品由于品种、产地、成熟期、加工或保存条件不同，其成分及其含量有相当大的差异。同一分析对象，不同部位的成分和含量也可能有较大差异。因此必须掌握科学的采样

视频：抽样综合　视频：抽样综合
实训(一)　　实训(二)

和保存技术。否则，即使以后的样品处理、检测等一系列环节非常精确、准确，其检测的结果也毫无价值，以致导出错误的结论。

2. 采样原则

正确的采样必须遵循代表性、典型性、适时性、适量性、不污染、符合程序、无菌和同一等原则，一般多采用四分法取样。

"四分法"将原始样品做成平均样品，即将原始样品充分混匀后堆积在清洁的玻璃板上，压平成厚度在 3 cm 以下的形状，并画成对角线或"＋"字线，将样品分成四份，取对角线的两份混合，再次分成四份，取对角的两份，这样操作直至取得所需数量为止，此即平均样品。

三、仪器及材料

1. 仪器
多功能组织粉碎机、刀具若干、80 目筛、精密天平。

2. 材料
大米、大排、苹果、青菜。

四、实训步骤

1. 苹果的取样
随机选取 3 只苹果→清洗→沿生长轴按四分法切→取对角两块→加入相同质量的水→组织粉碎机粉碎→转移至干净容器→待测。

2. 青菜的取样

随机选取 3 棵青菜→清洗→沿生长轴按四分法切→取对角两块→加入相同质量的水→组织粉碎机粉碎→转移至干净容器→待测。

3. 大米的取样

取一定量的大米→按四分法取样→组织粉碎机粉碎→过 80 目筛→转移至干净容器→装入铝盒保存→待测。

4. 大排的取样

取一定量的大排→去骨去筋→按四分法取样→组织粉碎机粉碎→转移至干净容器→待测。

制备好的试样应一式三份，供检验、复验和留样用。采样时除注意样品的代表性外，还应认真填写采样记录，写明样品的生产日期、批号、采样条件、包装情况等，样品的起运日期、来源地点、数量、厂方化验情况、品质，并填写检验项目、检验人、采样时间。

五、注意事项

(1)采样工具应清洁，不应将任何有害物质带入样品。

(2)样品在检测前，不得受到污染、发生变化。

(3)样品抽取后，应迅速送检测室进行分析。

(4)在感官性质上差别很大的食品不允许混在一起，要分开包装，并注明其性质。

(5)盛样容器可根据要求选用硬质玻璃或聚乙烯制品，容器上要贴上标签，并做好标记。

六、样品保存

样品采集后应于当天分析，以防止其中水分或挥发性物质的散失，以及待测组分含量的变化，如不能马上分析则应妥善保存，不能使样品出现受潮、挥发、风干、变质等现象，以保证测定结果的准确性。

制备好的平均样品应装在洁净、密封的容器内(最好用玻璃瓶，切忌使用带橡皮垫的容器)，必要时保存于避光处，容易失去水分的样品应先取样测定水分。

样品保存的主要方法有放在密封洁净的容器内；置于阴暗处保存；低温冷藏；加入适量不影响分析结果的稳定剂或防腐剂。

七、思考题

1. 样品的采集和保存在食物分析中有何重要性？

2. 新鲜水果蔬菜样品在采集和保存中应特别注意哪些问题?

习 题 二

一、单项选择题

1. 在制订食品样品采集方案时，首要考虑的因素是(   )。
   A. 抽样成本　　　　　　　　　B. 抽样便利性
   C. 抽样目的和检验项目　　　　D. 抽样人员经验

2. 抽样前准备工作中，(   )不是必需的。
   A. 确定抽样方法和数量　　　　B. 了解被抽样单位的经营状况
   C. 准备抽样工具和记录表格　　D. 确定抽样人员的年龄和性别

3. 抽样过程中，应确保样品的(   )。
   A. 数量足够　　　　　　　　　B. 外观美观
   C. 价格合理　　　　　　　　　D. 口感良好

4. 对于易腐食品，抽样时应特别注意(   )。
   A. 抽样数量　　　　　　　　　B. 抽样地点
   C. 抽样时间　　　　　　　　　D. 抽样样品的保存条件

5. 抽样样品的质量保证与质量控制的关键是(   )。
   A. 抽样人员的经验　　　　　　B. 抽样工具的先进性
   C. 抽样过程的规范性和标准化　D. 抽样数量的多少

6. 在样品保存和运输过程中，(   )措施是错误的。
   A. 保持样品完整性　　　　　　B. 避免样品受到污染
   C. 随意改变样品的保存条件　　D. 记录样品的保存和运输情况

7. 在网络食品抽样中，(   )不是必须考虑的。
   A. 抽样平台的信誉度　　　　　B. 抽样人员的网络安全意识
   C. 抽样样品的快递费用　　　　D. 抽样样品的代表性

8. 对于网络食品抽样，(   )操作是错误的。
   A. 确保抽样过程可追溯　　　　B. 随意更改抽样样品的标识信息
   C. 记录抽样样品的详细信息　　D. 确保抽样样品的完整性

9. 在抽样过程中，(   )操作是符合规范的。
   A. 抽样人员未佩戴手套直接接触样品　B. 抽样工具未经消毒直接使用
   C. 严格按照抽样计划和程序进行抽样　D. 抽样完成后未填写抽样记录表格

10. 在食品样品采集方案中，抽样样品的代表性主要取决于(　　)。

    A. 抽样数量　　　　　　　　　　　B. 抽样地点

    C. 抽样方法和程序　　　　　　　　D. 抽样人员的经验

二、判断题

1. 抽样前准备工作充分与否对抽样结果没有直接影响。　　　　　　　　　(　　)

2. 抽样过程中，抽样人员可以根据实际情况随意更改抽样计划。　　　　　(　　)

3. 对于需要冷藏的食品样品，抽样完成后应立即进行冷藏保存。　　　　　(　　)

4. 网络食品抽样时，可以随意选择任何网络平台进行抽样。　　　　　　　(　　)

5. 抽样样品的保存和运输过程中，样品的完整性和安全性是最重要的考虑因素。

                                                                   (　　)

项目三　食品样品制备流程规划

学习目标 🎯

知识目标

1. 掌握样品制备的目的、原则和技术。
2. 掌握制备样品时常用的几种缩分方法。
3. 熟悉与抽样要求密切相关，重点考虑的食品特性。
4. 熟悉常规食品样品的制备方法。
5. 掌握样品制备需要记录的主要内容。
6. 熟悉常见食品的制备过程使用的工具。

能力目标

1. 能够依据食品抽样要求，选择合理的制备方法。
2. 能够根据抽样方案要求，熟练操作常用的制备工具。
3. 能够依据食品的主要特性，选用合适的方法进行制备处理。
4. 能够合理地制备样品，以满足抽样检测要求。
5. 能够依据样品制备原则，将不同种类食品分类制备处理。
6. 能够规范记录样品制备的内容。

素质目标

1. 树立"质量第一"的思想，培养办事公道、坚持原则、不徇私情的职业道德。
2. 通过学习食品样品采集的知识和技能，培养食品安全责任感、爱国价值观和家国情怀。
3. 培养一丝不苟、敬业爱岗、精益求精的工匠精神。
4. 通过小组合作完成课堂任务，培养团队合作精神。

食品生产经营者是食品安全第一责任人，应当依法配合市场监督管理部门组织实施的食品安全抽样检验工作。市场监督管理部门应当与承担食品安全抽样、检验任务的技术机构签订委托协议，明确双方权利和义务。国家市场监督管理总局建立国家食品安全抽样检验信息系统，定期分析食品安全抽样检验数据，加强食品安全风险预警，完善并督促落实相关监督管理制度。

案例引入

广东省市场监督管理局关于 16 批次食品不合格情况的通告(2022 年第 32 期)

近期，广东省市场监督管理局组织抽检粮食加工品、饮料、冷冻饮品、蔬菜制品、水果制品、蛋制品和餐饮食品 7 类食品 661 批次样品。根据食品安全标准检验和判定，其中抽检项目合格样品 645 批次、不合格样品 16 批次，检出微生物污染、重金属污染、食品添加剂超限量超范围使用及其他指标问题。现将具体情况通告(节选)如下。

一、微生物污染问题

(1)标称中山市广之星饮用水有限公司生产的莲溪泉饮用纯净水和纯怡包装饮用水，铜绿假单胞菌不符合食品安全国家标准规定。

(2)标称梅州市丰顺冠丰食品有限公司生产的冠丰(包装饮用水)，铜绿假单胞菌不符合食品安全国家标准规定。

二、重金属污染问题

云城区粘记食品店销售的标称肇庆市高要区蚬岗镇通泰食品厂生产的草灰咸蛋，铅(以 Pb 计)不符合食品安全国家标准规定。

三、食品添加剂超限量超范围使用问题

(1)汕头市龙湖区付铁桥食品店销售的饺子皮，脱氢乙酸及其钠盐(以脱氢乙酸计)不符合食品安全国家标准规定。

(2)汕头市龙湖区陈文廷蛋品摊销售的粿条，脱氢乙酸及其钠盐(以脱氢乙酸计)不符合食品安全国家标准规定。

(3)茂名市高州市岭南食品购销部销售的标称新兴县太平镇心思味食品厂生产的甘草香榄，苯甲酸及其钠盐(以苯甲酸计)不符合食品安全国家标准规定。

(信息来源：广东省市场监督管理局。时间：2022-10-13 10:52)

知识引导

1. 从上面的案例中，你认为在进行国家食品安全抽样过程中，工作人员对食品样品的制备有哪些基本流程？

2. 针对草灰咸蛋、饺子皮等不同类型食品的特点，有哪些制备的方法？

知识链接

知识点一　样品制备的目的、原则及技术

一、样品制备的概念与目的

(一)样品制备的概念

视频：样品制备的目的

食品样品制备是指对采集的食品样品进行分取、粉碎、混匀、缩分等处理工作。食品种类繁多，很多食品不同部位的组成存在差异性。用于检测的样品必须保证样品各个部分的均匀性，取任何一部分都能很好地代表待检测食品的特性。由于用一般方法取得的样品数量较多、颗粒过大且组成不均匀，因此必须对采集的样品加以适当的制备。有时为方便将样品整理、清洗、匀化、缩分等步骤称为样本制备。

制备样品时常用的缩分方法如下。

(1)将试验室样品混合后用四分法缩分，按以下方法预处理样品。

1)对于个体小的样品(如苹果、坚果、虾等)，去掉蒂、皮、核、头、尾、壳等，取出可食部分。

2)对于个体大的基本均匀样品(如西瓜、干酪等)，可在对称轴或对称面上分割或切成小块。

3)对于不均匀的个体样品(如鱼、菜等)，可在不同部位切取小片或截取小段。

(2)对于苹果和果实等形状近似对称的样品进行分割时，应收集对角部位进行缩分。

(3)对于细长、扁平或组分含量在各部位有差异的样品，应间隔一定的距离取多份小块进行缩分。

(4)对于谷类和豆类等粒状、粉状或类似的样品，应使用圆锥四分法(堆成圆锥体→压成扁平圆形→画两条交叉直线分成四等份→取对角部分)进行缩分。

(5)混合经预处理的样品，用四分法缩分，分成三份：一份测试用；一份需要时复查或确证用；一份留样备用。

(二)样品制备的目的

样品制备的目的在于保证样品十分均匀，使我们在分析时，取任何部分都能代表全部被测物质的成分并满足分析对样品的要求。通常采集的样品量比分析所需量多，并且许多样品组成不均，不能直接用于分析检测。因此，在检验之前，必须经过样品制备过程，使待检样品具有均匀性和代表性，并能满足检验对样品的要求。

二、样品制备的原则

(一)样品制备执行标准

样品进行制备时参照《农药残留分析样本的采样方法》(NY/T 789—2004)、

视频：样品制备的原则

《蔬菜农业残留检测抽样规范》(NY/T 762—2004)、《蔬菜抽样技术规范》(NY/T 2103—2011)执行。

(二)样品制备的原则和要求

(1)样品制备的原则。

1)代表性原则：制备的样品应能代表该批次或批量产品的特性和质量。由于制备样品的检验结果将直接代表该批次食品的质量，因此，在选择制备的样品时，应确保其在各个层面上的性质和特性都具有代表性，以保证检验结果的精准性。

2)真实性原则：制备和管理的样品必须与被检测的食品保持一致，避免出现错误。在制备过程中，应明确样品的编号和复检编号，确保编号准确无误，以避免在制备源头出现错误。

3)唯一性原则：在整个食品检验过程中，从采集、制备、管理、检验到销毁，都应确保样品的唯一性。这意味着在整个检验过程中，都应保持对同一个样品的操作，避免混淆或交叉污染。

4)及时性原则：食品检验人员应在一定时效内对已采集的样品进行制备。这是为了确保样品的性质在后续的检验环节中不会因保存时间过长而发生变质，从而影响食品检验结果的准确性。

(2)样品制备的要求。

1)样品的制备必须由专业技术人员进行。

2)采集的样品需要按要求全部处理。

3)样品制备过程中应防止待测组分发生化学变化。

4)样品制备过程中应保持待测组分的完整性。

5)样品制备过程中应防止待测组分受污染。

6)样品制备过程中应及时记录样品相关信息。

(三)样品制备的要求

农产品质量安全监测任务要求所抽样品全部处理，处理完的样品再分正样、副样或备样保存，非食品安全监测所要求的检样、备样保存原状态样品。

(四)注意问题

(1)农药残留样品检测：样品不能用水冲洗，但要去除样品表面的污物，可用纱布、毛巾等擦拭泥土。

(2)重金属样品检测：样品先用自来水冲洗，然后用蒸馏水冲洗两遍，再用棉布擦干水分。

(3)风险监测样品需制备两盒，正样、副样需贴标签。

(4)监督抽查样品制备三盒，正样、副样和备样需贴标签，贴封条。

三、样品制备的技术

(一)样品制备场所要求

通风、整洁、无扬尘、无化学挥发物质。

视频：样品
制备技术

(二)样品制备工具

无色聚乙烯砧板或木砧板，不锈钢食品加工机或聚乙烯塑料食品加工机、高速组织破碎机、不锈钢刀、不锈钢剪等。

(三)样品分装容器

具塞磨口玻璃瓶、旋盖聚乙烯塑料瓶、具塞玻璃瓶等，规格视量而定。

(四)不同样品的制备方法

不同食品的试样制备方法不同，大体可分为以下几种。

1. 液体、浆体或悬浮液体样品

一般将样品摇匀，充分搅拌。常用的简便搅拌工具是玻璃棒，还有带变速的电动搅拌器，可以任意调节搅拌速度。

动画：固体样品
罐头的制备

2. 互不相溶的液体样品(如油与水的混合物)

应首先使不相溶的成分分离，然后分别进行采样，再制备成平均样品。

3. 固体样品

应用切细、粉碎、捣碎、研磨等方法将样品制成均匀可检状态。

(1)水分含量少、硬度较大的固体样品(如粮食等)，可用粉碎机或研钵磨碎并混合均匀。

(2)水分含量较高、韧性较强的样品(如肉类、鱼类、禽类等)，先去除头、骨、鳞等非食用部分，取可食部分放入绞肉机中绞匀，或用研钵研磨并拌匀。

(3)水分含量高、质地软的样品(如水果、蔬菜等)，先用水洗去泥沙，揩干表面附着的水分，从不同的可食部分切取少量物料，混合后放入组织捣碎机中捣匀(有时加等量蒸馏水)。注意动作迅速，防止水分蒸发。

(4)蛋类，应去壳后用打蛋器打匀。

(五)平均样品的制备方法

1. 四分法

四分法适用于固体、颗粒、粉末状样品。用分样板先将样品混合均匀，然后按2/4的比例分取样品的过程，叫作四分法取样。操作步骤如下。

(1)将样品倒在光滑平坦的桌面或玻璃板上。

(2)用分样板把样品混匀。

(3)将样品摊成等厚度的正方形。

(4)用分样板在样品上画两条对角线，分成两个对顶角的三角形。

(5)任取其中两个三角形为样品。

(6)将剩下的样品再混合均匀，再按以上方法反复分取，直至最后剩下的两个对顶角三角形样品接近所需试样质量为止。

2. 三层五点法

三层五点法适用于液体样品。首先根据一个检验单位的样品面积划分为若干个方块，每块为一区，每区面积不超过 $50\ cm^2$。每区按上、中、下分三层，每层设中心、四角共五个点。按区按点，先上后下用取样器各取少量样品，再按四分法处理取得平均样品。

知识点二　常规食品样品的制备

一、相溶液体样品的制备

（一）液体、浆体或悬浮液体样品的制备

一般将样品摇匀，充分搅拌。常用的简便搅拌工具是玻璃棒，还有带变速的电动搅拌器，可以任意调节搅拌速度。

视频：液体、浆体或悬浮液体样品的制备

（二）典型食品样品制备的技术

1. 牛奶样品的制备

样品升温到大约 20 ℃，倒入干净的容器并且来回倒，直到混合为均相，并立即称量或测量试样。如果奶油块不散开，在水浴中将样品加热到大约 38 ℃，并继续混合为均相。如果有必要，可使用淀帚，使粘在容器上或塞子上的奶油再融合，对于分散着有用的和脂肪残留物的情况，在转移试样前，应把热样品冷却到大约 20 ℃。

无论是新鲜样品还是合成样品，都应将温度控制到约 38 ℃，按上述混合至均相，并立即吸取部分试样置入试瓶。

2. 蜂蜜（液态）样品的制备

（1）液态或过滤的蜂蜜。如果样品中没有结晶，则在测定称量之前应搅拌或摇动使之混匀；如果有结晶，则将盖紧盖的样品容器放在水浴中（但不要没入）于 60 ℃加热 30 min；必要时可在 65 ℃加热至液化，加热期间必须摇动几次。充分混匀，样品液化后快速冷却，并称量出用于测定的部分。用于糖化测定的样品不要加热。若样品中含有蜡、小棍、蜜蜂或蜂巢的碎片，则可将样品在水浴中加热至 40 ℃，然后用放有干酪包布的热水漏斗过滤，再称量样品进行分析。

（2）蜂巢中的蜂蜜。如果蜂巢的口是封闭的，则可切去蜂巢的顶部，通过过滤使蜂蜜与蜂巢完全分离，过滤用 40 号筛。若有部分蜡或蜂巢通过筛子，按前面（1）的方法加热样品，并用干酪包布过滤。若蜂蜜在蜂巢中有颗粒形成，则加热至蜡液化；搅拌，冷却，除去蜡。

3. 玉米糖浆及玉米糖（液态）

将样品充分混匀。如果有糖的结晶，可稍微加热使之溶解（避免水的蒸发），也可先称出样品总质量，加水后加热到完全溶解，冷却后再称量。所有结果都计算成原始物质的量。

二、互不相溶液体样品的制备

（一）互不相溶液体样品的制备

对互不相溶的液体样品（如油与水的混合物），应首先使不相溶的成分分离，然后分别进行采样，再制备成平均样品。

视频：互不相溶液体样品的制备

（二）典型食品样品制备的技术

1. 奶油样品的制备

在取出试验部分之前，立即摇匀样品，倾倒或搅拌（或用手动均化器）混合到很容易流动而且形成均匀的乳浊液。如果样品非常黏稠，加热到 30～35 ℃，混匀。在黄油块已分离的情况下，放入温水浴，将样品加热到约 38 ℃（温度明显超过 38 ℃可能引起脂肪"脱油"，特别是在稀奶油情况下）。充分混合要分析的部分样品并立即称量（在用巴比克法对脂肪的一般检验中，在混合前先在水浴中将全部样品加热到大约 38 ℃是可行的）。

2. 动植物油脂——试样的准备

（1）适用范围：本方法提供的试验程序适用于试验室中动植物油脂的样品制备，以便进一步分析。该方法不适用于乳化脂肪，如黄油、人造奶油、蛋黄酱等试样的制备。

（2）原理概要：脂肪状物质混合，如有必要，可在适当的温度下加热。如果有要求，可过滤分离出不溶性物质，再用无水硫酸钠干燥脱除水分。

（3）主要仪器和试剂：可调温电烘箱、可加热过滤漏斗、无水硫酸钠。

（4）过程简述。

1）混合和过滤。

①清净无沉积物的液体样品。通过在密闭容器中摇荡，使试验室样品尽可能混合均匀。

②浑浊或有沉积物的液体样品。

2）用于测定。

①湿度和挥发性物质。

②不溶性杂质。

③每单位体积的质量。

④要求采用非过滤试样，或受温度影响的其他测定。

剧烈地摇荡装有试样的容器，直到沉积物彻底从容器壁分离出来。立即把试样倒入另外的容器，并检查没有沉积物留在原来的容器壁上，否则，要把沉积物全部移入试样。

3）用于其他测定。将含有试验室样品的容器放入烘箱，温度控制在 50 ℃。试样温度达到 50 ℃后，摇荡，使之混匀。如果加热和混合后试样仍不清净，可在烘箱中或用热滤漏斗进行过滤，滤液是清净的。不要把试样在烘箱中放置比需要的时间长，以免因氧化或聚合造成脂肪变性。

4）固体样品。

①用于测定液体样品所述的①到②，通常需温热，以便使试样正好混合或能彻底混合，从而使之尽可能混合均匀。

②用于其他测定，试验室样品在烘箱中进行熔化，控制温度比样品熔点至少高 10 ℃。如果加热后，试样很清净，则可摇荡，使之混合均匀。否则，如果试样浑浊，或其中含有沉积物，可在烘箱中或用热滤漏斗进行过滤，滤液应该是清净的。

5）烘干。如果混合后的样品仍然含水（尤其是酸性油、脂肪酸和固体脂肪），应该进行烘干，以免湿气的存在对结果（如碘价）有影响，同时操作应格外小心，以免样品氧化。为此，需要把一部分彻底混合的试样保存在烘箱中，在温度高于熔点时存放尽可能短的时间。最好在氮气氛下，每 10 g 油或脂肪加入 1～2 g 无水硫酸钠，烘干温度不要超过 50 ℃。

加热的样品和无水硫酸钠一起剧烈搅拌，然后过滤，如果脂肪或油冷却固化，可在烘箱中或用热滤漏斗，在不超过 50 ℃ 的适宜温度下进行过滤。

6）保存。试验室样品应保存在惰性、密闭的容器中，且密封良好。放于冷柜（温度不超过 10 ℃）中避光保存。试样可保存 3 个月。

过滤和/或烘干后的试样也可在相同条件下进行保存。

三、固体样品的制备

视频：固体样品
的制备 1　　视频：固体样品
的制备 2

(一)固体样品的制备

应用切细、粉碎、捣碎、研磨等方法将样品制成均匀可检状态。

(1)水分含量少、硬度较大的固体样品（如粮食等），可用粉碎机或研钵磨碎并混合均匀。

(2)水分含量较高、韧性较强的样品（如肉类、鱼类、禽类等），先去除头、骨、鳞等非食用部分，取可食部分放入绞肉机中搅匀，或用研钵研磨并拌匀。

(3)水分含量高、质地软的样品（如水果、蔬菜等），先用水洗去泥沙、揩干表面附着的水分，从不同的可食部分切取少量物料，混合后放入组织捣碎机中搅匀（有时加等量蒸馏水）。注意动作迅速，防止水分蒸发。

动画：固体样品
鸡蛋的制备

(4)蛋类，应去壳后用打蛋器打匀。各种机具应尽量选用惰性材料，如不锈钢、合金材料、玻璃、陶瓷、高强度塑料等。

为控制颗粒度均匀一致，可采用标准筛过筛。标准筛为金属丝编制的不同孔径的配套过筛工具，可根据分析的要求选用。过筛时，要求全部样品都通过筛孔，未通过的部分应继续粉碎并过筛，直至全部样品都通过为止，而不应该把未过筛的部分随意丢弃，否则将造成食品样品中的成分构成改变，从而影响样品的代表性。经过磨碎过筛的样品，必须进一步充分混匀。固体油脂应加热熔化后再混匀。

(二)典型固体食品的制备

1. 玉米糖浆及玉米糖(固态)

(1)必要时先粉碎拌匀，然后用刮勺尽快将粗糖充分混合。有块状物存在时可在玻璃板上用玻璃或铁制滚筒碾碎，也可在清洁干燥的研钵中用杆使其分散。

(2)半固态（糖膏等）。称 50 g 样品，将糖的晶体溶解在少量体积的水中，然后刷洗到 250 mL 的容量瓶，稀释至刻度，充分摇匀；或称取 50 g 样品，加水至 100 g。如果有不溶解物，在测定取样前要充分摇匀。

2. 鱼和海产品

为防止样品在制备及随后的加工过程中水分的丢失，使用尽可能大量的样品，研碎的物质应保存在带密封盖的容器内，并尽快进行全部测定。如有任何延误，则须冷冻样品，以防分解。通常，鱼的样品制备按惯例，包括留皮、去骨，但必须完全符合食用规定。例如，鲇鱼皮不能食用，应弃之；软化的罐头鲑鱼骨应留下；沙丁鱼是整条检验的。根据特殊的检验要求，规程也可变更。

（1）鲜鱼。洗净、刮鳞及去内脏。如鱼体长≤15 cm，用5～10条。若是大鱼，用≥3条鱼，从每条鱼上切下2.5 cm厚的横断面3块；一块贴着鱼胸鳍后切下，一块取于肛门与第一块的中间处，一块紧靠肛门往后切，剔去鱼骨。对大小适中的鱼，去头、尾、鳞、鳍、内脏及不能食用的骨头，片鱼，取由头至尾、从鱼脊到鱼腹两边所有的肉和皮。测定脂肪和脂溶性组分，必须包括鱼皮，因许多鱼的大量脂肪直接储存在皮下。

迅速用绞肉机绞样品三遍，每次绞后，须清除绞肉机中未绞碎的物质，并与绞碎的物质充分混合。绞肉机的孔径为1.5～3 mm，使柄末端的四周不漏。如样品为软体鱼，可用高速捣碎机，打碎几分钟停一下，不断地打和停，刮下沾在杯边上的肉。

（2）干熏或腌干的鱼。按前面（1）进行。

（3）冻鱼。室温下融化，沥液弃之。

（4）鱼片。取完整的片用。

（5）整鱼。按前面（1）进行。

（6）除牡蛎、蚌及扇贝外的贝类。如样品为带壳整体，按下面（7）要求清洗并以常用方法剥出可食用部分，再按前面（1）制备分析样品。

（7）带壳牡蛎、蚌及扇贝。以饮用水洗去壳上所有泥沙及污物，并沥干。剥取足够量的牡蛎或蚌，装入清洁、干燥的容器，其量≥500 mL沥干的肉。将贝肉移至撇渣器中，在撇渣器上剔除碎壳，沥2 min，按下面（8）或（9）进行。

（8）去壳蚌或扇贝。按前面（1）制备。

（9）去壳牡蛎。在高速捣碎器内，将肉和液体共同打碎1～2 min。

（10）生的或熟的裹面包渣的鱼。不去面包渣或皮，按前面（1）进行。

3. 坚果和坚果制品

（1）带壳的坚果。去壳取肉，并将果肉中的碎壳全部挑拣出去。除非另有说明，所有坚果的果肉（包括花生和椰子）均应包括表皮或胚芽。分离出来的果肉按（2）进一步制备。

（2）坚果肉，切碎的椰子。将其250 g以上两次通过食品加工机予以磨碎。这种加工机装有旋转的刀片和直径约3 mm的孔板（其他类型的食品加工机、磨碎机，或粉碎器械，只要不造成油的损失，又能给出均匀的糊状物，均可应用）。将样品混好并保存于密闭的玻璃容器中。

（3）坚果酱和糊。将样品转入一大小和形状适当的容器，温热半固态产物，用硬的刮铲或刮刀小心混合（如样品稳定，足以给出均匀的混合物，也可使用电动混合器或电动搅拌器）。将样品保存于密闭的玻璃容器中。

4. 肉和肉制品

为了防止在样品制备及后续处理过程中损失水分，切勿使用小量样品。绞碎的样品应保存在不透气和水、带盖的玻璃容器或类似的容器中。制备分析用样品如下。

（1）新鲜肉、干肉、咸肉、冻肉等。尽可能剔除骨头，迅速从网眼不超过3 mm的绞肉机中通过3次，每次绞碎后充分混匀，最后立即进行各项测定，如不能立即测定，应冷藏以防止分解。

另一种制备样品方法是使用绞肉刀。在每次制备样品之前，将所有切碎的部分冷冻。

（2）罐装肉。使罐头内容物，按上述（1）全部通过食品切碎机或绞肉机。

动画：固体样品肉和肉制品的制备

(3)香肠。从肠衣中取出，按上述(1)通过切碎机或绞肉机。

样品(1)、(2)、(3)的干燥部分，不需要立即分析时，或在 60 ℃ 以下减压干燥，或加酒精在蒸汽浴上蒸发 2～3 次。用石油醚(沸点低于 60 ℃)从干制品中提取脂肪，放置使石油醚自动挥发，最后在蒸气浴上短时间加热以驱除残留的石油醚，切勿使样品或提取的脂肪加热超过必需的时间，以免分散。提取的脂肪放在冷处备用，在酸败前必须检查完毕。

5. 干酪

把楔状样品切成片，通过食品切碎机 3 次。在切碎机中(较好的方法)研碎楔形块，或切碎，或撕得很细，并充分混合。

对于提取奶油的白干酪及类似干酪，在低于 15 ℃ 把 300～600 g 样品放入高速混合器的 1 L 杯中，至少要混合到得到均化的混合物(2～5 min)。最终温度不超过 25 ℃。为此当成沟流后可能要频繁停止混合，直到混合动作开始前再把干酪舀回混合器(在线路中使用可调变压器，在开始时可为低速，当速度加快时，可使沟流作用减到最小)。

6. 面包

在不需要测原始面包块的总固体时，操作如下。

(1)不含水果的各类面包。把一块或多块面包切成 2～3 mm 厚的薄片，把面包片摊放在滤纸上，在温室中干燥到十分干脆，以便在研磨机中研磨。研磨全部样品通过 20 号筛并保存在密封容器中。

(2)葡萄干面包。按前面(1)进行，只是要用食品切碎机代替研磨机粉碎 2 次。

7. 固态(糖等)

必要时先粉碎拌匀，然后用刮勺尽快将粗糖充分混合。有块状物存在时可在玻璃板上用玻璃或铁质滚筒碾碎，也可在清洁干燥的研钵中用杆使其分散。

四、罐头类样品的制备

(一)罐头类样品制备的一般要求

水果罐头在捣碎前必须清除果核；肉禽罐头应预先清除骨头；鱼类罐头要将调味品(葱、辣椒、香辛料等)分出后再捣碎均匀。

微生物检验的样品，必须根据微生物学的要求，按照无菌操作规程制备。所采样品在分析之前应妥善保存，不使样品发生受潮、挥发、风干、变质等现象，以保证其中的成分不发生变化。

视频：罐头类
样品的制备

(二)典型罐头的制备

1. 罐装鱼、贝类和其他罐装海产品

将罐头里的所有内容物(肉和汤)倒入捣碎机，打碎至均匀，或放进绞肉机绞三遍。对大罐头，取肉放在 8～12 目筛上沥 2 min，并收集全部液体，测定肉的质量及液体体积。按肉、液比例取样，再用捣碎机混合均匀。

2. 油浸、酱汁、肉汤或清水罐装海产品

用 8 目筛沥 2 min，将罐头里的所剩下内容物(肉和汤)倒入捣碎机，打碎至均匀，制备固体部分，液体可单独分析，如需要，也可与固体一同分析。水通常弃去。

3. 盐渍或盐汤制的鱼包装

沥出盐水，弃之，用饱和 NaCl 溶液漂去附在鱼上的盐粒，沥 2 min，再按处理鲜鱼的方式进行。

4. 蔬菜罐头

(1)固体和液体混合的产品。如果只要求分析检验固体部分，则在研钵或食品切碎机中充分磨碎沥干的蔬菜。如果要求分析固体和液体的混合物，则在研钵或食品切碎机中彻底磨碎罐头里的内容物，但无论怎样，样品要彻底粉碎，并保存在玻璃塞容器内。如果分析工作不能在短时间内完成，就应用上述方法测定制备好的样品中的含水率。为了防止样品分解，干燥剩余样品/磨碎，充分混合，保存在带玻璃塞的容器内(本方法要求对水分做二次测定)。

(2)细碎产品(西红柿汁、西红柿酱、加工过的蔬菜)。在开罐以前充分振荡使沉淀混合。把全部样品转移到一个大的玻璃或瓷盘中，充分混合，连续搅拌 1 min 以上。将混合好的样品移入玻璃塞容器。在每次取出样品进行分析以前都要充分搅拌样品。

5. 样品的制备工作小结

(1)鲜肉：将鲜肉的骨头、筋膜等除去，切成大小适当的肉片，用孔径为 3 mm 的绞肉机绞 3 次，然后按四分法取样。

(2)肉制品：如腊肉、火腿、腊肠等，除去腊肠衣薄膜，样品可代表全体；若为肉罐头，将全部内装物切成适当大小的块。以上样品分别用孔径为 3 mm 的绞肉机绞 3 次，再按四分法取样。

(3)鲜鱼：一般用 5 条鱼体制备，但有时可适当增加几条，先除去头、内脏、骨、鳍、鳞等非食用部分，余下部分绞成肉糜，再按四分法取样。

(4)鲜蛋：抽取 5 只以上鲜蛋，将其敲碎放入烧杯，充分混匀，待检。

(5)乳类：由于牛奶的表层附着脂肪，检测时需上下充分搅匀，严防空气进入。若为固体奶油，放在 40 ℃ 水浴中温热混合。若为加工奶制品、酸奶酪、生奶油，处理方法同鲜奶。冰激凌可溶解成液状后搅匀。干酪弃去表面 0.5 cm 厚的部分，再切下 3 片(1 片接近中点，两端各一片)，剁细混匀。

动画：固体样品鱼的制备

(6)贝壳类：除去贝壳，将贝肉剁细磨碎混匀。

(7)咸鱼：用饱和盐水洗涤，将表层的盐洗净，然后按鲜鱼的方法处理。鱼干、鱼干松可直接粉碎制备。

(8)海藻类：新鲜的裙带菜用盐水(盐度 3)洗去砂和盐后，用研钵或均质器制成匀浆。干货用干布擦净表层，切细，用研钵研细。

(9)蔬菜、蘑菇、水果类：需检测维生素含量时，将新鲜样品切细剁碎，用均质器制成匀浆。若不做维生素含量分析，则可将其干燥后粉碎待检。

(10)油脂类：液态油，搅拌均匀后便可取样检测。常温为固体的样品(如黄油、人造黄油等)，将其放入聚乙烯袋，温热，使其软化，捏袋使其均匀，切下一部分聚乙烯袋，挤出黄油作为检样。

(11)豆酱、豆腐、烹调食品：用搅拌机磨碎或研钵磨匀即可。

(12)砂糖：将砂糖和水果糖等先溶于 50 ℃ 温水中，用保温漏斗过滤，制备成液体待检。

(13)点心类：包括生点心、馒头、包子、糯米饼及西式点心，先烘干，再粉碎或研碎。

(14)调味品类：如咖喱粉、胡椒粉等，充分拌匀待检品。沙司、番茄酱、酱油等，充分搅拌待检。

(15)饮料类：茶叶、咖啡等，充分研磨或粉碎、混匀。啤酒、汽水等含碳酸饮料，在20～25 ℃水浴中温热，完全逐出碳酸后再进行检测。非碳酸饮料，如矿泉水、纯净水等可直接检测。

知识点三　样品制备的记录

抽样人员现场抽样时，应当记录被抽样食品生产经营者的营业执照、许可证等可追溯信息。承检机构接收样品时，应当查验、记录样品的外观、状态、封条有无破损及其他可能对检验结论产生影响的情况，并核对样品与抽样文书信息，将检验样品和复检备份样品分别加贴相应标识后，按照要求入库存放。

视频：样品制备记录

复检机构接到备份样品后，应当通过拍照或者录像等方式对备份样品外包装、封条等完整性进行确认，并做好样品接收记录。

样品制备记录的内容如下。

(1)样品名称、种类、品种。

(2)样品识别标记或批号，样品编号。

(3)包装方法。

(4)样品来源。

(5)生产企业。

(6)样品制备日期及时间。

(7)制备数量。

(8)样品制备方法。

(9)制备人。

(10)保存方式。

市场监督管理部门开展网络食品安全抽样检验时，应当记录买样人员及付款账户、注册账号、收货地址、联系方式等信息。买样人员应当通过截图、拍照或者录像等方式记录被抽样网络食品生产经营者信息、样品网页展示信息，以及订单信息、支付记录等。

视频：样品的保存

知识点四　制备样品的保存

样品采集后，应尽快在短时间内进行分析，尽量做到当天的样品当天分析，确保其待检测成分不发生变化，否则应将样品加塞密封，进行妥善保存。

一、制备样品在保存过程中的变化

食品样品在保存过程中可能会有以下几种变化。

1. 吸水或失水

食品样品原来含水率高时，就容易失水，反之如饼干、奶粉等原来含水率低的食品容易吸水。

2. 霉变、微生物污染

当食品样品中含水率高时就易发生霉变或微生物污染，如新鲜的植物性样品、牛奶等。

3. 褐变

当植物性组织受损时，样品易发生褐变，因为组织受伤时，多氧化酶被激活而起作用，使组织变成褐色，所以对于组织受伤的样品不易保存，应尽快分析。

二、样品保存过程中应注意的事项

由于食品含有丰富的营养物质，在合适的温度、湿度条件下，微生物能迅速生长繁殖，从而导致样品腐败变质；此外，食品中还含有易挥发、易氧化及热敏性物质，故在样品的保存过程中应注意以下几点。

(1)样品保存环境要清洁、干燥。

(2)保存样品的容器应该是清洁干燥的优质磨口玻璃容器或塑料、金属等材质的容器，原则上保存样品的容器不能同样品的主要成分发生化学反应。

(3)容器外贴标签，注明食品名称、来源、采样日期、编号及分析项目等。

(4)见光易分解的样品，如胡萝卜素、黄曲霉毒素 B_1、维生素 B_1 等，必须置于阴暗处，避光保存。某些待测成分不够稳定的(如维生素 C、有机磷农药等)，在采样时加入稳定剂，固定待测成分。

(5)易腐败变质的样品可采用以下方法进行保存，具体应结合检测目的和样品实际情况选择合适的保存方法。

短期保存可采用冷藏的方法，保存在 $0\sim5$ ℃冰箱中，但应尽快检测，不能长时间存放。

可根据样品种类及要求采用干燥保存的方法，如自然风干、烘干或真空冷冻干燥等。真空冷冻干燥对食品组分影响很小，保存的时间也比较长。

不能即时进行处理的鲜样，在允许的情况下可采用罐藏的方法保存。如可将一定量的羊皮切碎后，放入 96％乙醇中煮沸 30 min，最终乙醇浓度控制为 78％～82％之间，冷却以后密封保存，可保存一年以上。也可放入无菌密封器中保存，或充入惰性气体。

在特殊情况下，样品中可以添加适量的不影响分析结果的防腐剂，如在每 100 mL 的牛奶中加入 1～2 滴甲醛作为防腐剂，可以防止微生物污染。

（6）对于已腐败变质的样品，应弃去，重新采样分析。

总之，要防止样品在保存过程中受潮、风干、变质，保证样品的外观和化学组成不发生变化，分析结束后的剩余样品，除易腐败变质者不予保留外，其他样品一般保存一个月，以备复查。

任务实施

芹菜中农药残留的抽样

1. 食品制备的要求

序号	步骤	任务内容
1	依据标准	参照标准（　　　　）、（　　　　）、（　　　　）执行
2	制备原则	样品经制备后，使待检样品具有（　　　　）性和（　　　　）性，满足检验对样品的要求
3	制备要求	处理完的样品再分（　　　）样、（　　　）样或（　　　）样保存，（　　　　）样要保存原状态样品

2. 食品制备的流程

序号	步骤	任务内容
1	制备场所要求	通风、整洁、无（　　　　）、无（　　　　　　）
2	样品制备工具	使用（　　　）砧板或（　　　）砧板，加工机械可以使用（　　　　）或（　　　　）
3	样品分装容器	使用（　　　）或（　　　）瓶
4	确定制样的方法和数量	1. 芹菜属于（　　　　）类别。 2. 芹菜取（　　　）部分进行制样，揩干表面附着的水分，从（　　　　）部分切取少量物料，混合后放入（　　　　）机中捣匀（有时加等量蒸馏水）。 3. 共制备（　　　）g样品，样品分装（　　　）份。 4. 农残样品制备数量一般为（　　　　）
5	注意问题	1. 农药残留样品检测：样品不能（　　　　　　），但要去除样品表面（　　　　　），可用（　　　）、（　　　）等擦拭泥土。 2. 制完样品于（　　　　）条件进行保存 3. 注意动作要迅速，防止（　　　　）

综合实训　样品制备

一、实训项目

以下样品需进行农药残留项目的检测分析，请进行样品制备。

（1）韭菜；（2）甘蓝；（3）芹菜；（4）菜豆；（5）黄瓜；（6）冬瓜；（7）香菇；（8）橘子；（9）苹果；（10）桃；（11）葡萄；（12）枣；（13）菠萝；（14）甜玉米；（15）核桃。

二、项目要求

（1）根据不同样品的特点，进行样品制备。

（2）简要写出制备过程。

（3）填写制备记录表。

习　题　三

一、单项选择题

1. 食品样品制备的主要目的是（　　）。

　　A. 改善食品口感

　　B. 提高食品营养价值

　　C. 确保检测结果的准确性和可靠性

　　D. 改善食品外观

2. 在食品样品制备过程中，（　　）原则是不正确的。

　　A. 保持样品的原始性和代表性

　　B. 尽可能减少制备过程中样品的损失

　　C. 随意更改样品的制备方法和步骤

　　D. 确保制备过程的安全卫生

3. 对于液体食品样品，制备时通常需要进行的操作是（　　）。

　　A. 搅拌

　　B. 切割

　　C. 烘干

　　D. 冷冻

4. 固体食品样品制备时，为什么要进行破碎或研磨？（　　）

　　A. 改善食品口感

　　B. 方便检测仪器的使用

　　C. 增加食品营养价值

　　D. 改变食品颜色

5. 样品制备记录中，（   ）内容不是必需的。

    A. 制备样品的名称和数量

    B. 制备日期和时间

    C. 制备人员的个人喜好

    D. 制备方法和步骤

6. 在制备样品时，为何需要记录制备过程？（   ）

    A. 方便后续检测人员了解样品状态

    B. 增加制备过程的趣味性

    C. 提高制备效率

    D. 减少制备成本

7. 制备完成的样品应如何保存？（   ）

    A. 随意放置，无须特殊处理

    B. 根据样品特性选择合适的保存条件

    C. 冷冻保存所有样品

    D. 高温烘干保存

8. 对于易腐败变质的食品样品，制备后应如何处理？（   ）

    A. 立即进行检测

    B. 随意丢弃

    C. 冷冻保存

    D. 高温烘干

9. 在样品制备过程中，（   ）措施有助于保持样品的代表性。

    A. 随意选择部分样品进行制备

    B. 制备过程中添加其他物质

    C. 严格按照规定的制备方法和步骤进行

    D. 延长制备时间

10. 以下关于样品制备的说法，正确的是（   ）。

    A. 样品制备越简单越好，无须考虑太多因素

    B. 样品制备过程对检测结果没有影响

    C. 样品制备应根据不同食品的特性进行

    D. 样品制备只是简单的物理处理，不涉及化学变化

二、判断题

1. 食品样品制备过程中，样品的原始性和代表性至关重要。　　　　　　　　（　　）

2. 制备样品时，可以随意更改制备方法和步骤，只要最终得到样品即可。　　（　　）

3. 对于所有食品样品，制备完成后都应采用相同的保存方法。　　　　　　　（　　）

4. 样品制备记录对于后续的检测和分析过程没有实际意义。　　　　　　　　（　　）

5. 样品制备只是简单的物理处理，不会对样品的化学性质产生影响。　　　　（　　）

项目四　食品样品预处理方法选择与操作

学习目标

知识目标

1. 掌握各种样品预处理的原理及方法。

2. 掌握各种样品预处理的仪器构造。

3. 掌握各种样品预处理的试验操作。

能力目标

1. 能够根据样品检测需求选择正确的样品预处理方法。

2. 能够掌握各种样品预处理的仪器构造。

3. 能够正确熟练使用样品预处理仪器。

4. 能够正确记录、处理及分析数据。

素质目标

1. 树立"质量第一"的思想，培养办事公道、坚持原则、不徇私情的职业道德。

2. 通过学习食品样品采集的知识和技能，培养食品安全责任感、爱国价值观和家国情怀。

3. 培养一丝不苟、敬业爱岗、精益求精的工匠精神。

4. 通过小组合作完成课堂任务，培养团队合作精神。

案例引入

"你点我检"，合力营造食品安全社会共治氛围

"你点我检"是由公众投票"点"出自己最关注、最期盼抽检的食品品种，市场监督管理部门按照《抽检实施细则》及食品安全监督抽检程序对这些品种进行抽样检验，并邀请公众现场观摩抽样过程的活动。

日前，上海市浦东市场监督管理局康桥市场所会同第三方检测机构及消费者代表来到开市客浦东店，对消费者通过公众投票关注的生鲜牛肉和坚果类食品进行现场抽样检测。

在抽样过程中，第三方机构抽样人员分别抽取了该超市的两种生鲜牛肉及一种零食坚果。针对进口畜肉类食用农产品，每种产品抽取的样品量为 2 kg 且为同一批次，并在现场进行均衡混样，然后将样品分为两份：一份为检验样品；另一份为复检备份样品。同时要求超市提供供货凭证和出入境检验检疫证，做好货源信息的记录。

此外，将样品在全程低温冷链的条件下运输和保存，确保检验结果不受影响。

而对于坚果类产品的抽检，第三方机构抽样人员从销售区域内的货架或柜台抽取样品。为使样品具有代表性，会从货架的不同部位抽取同一批次的在售样品，并要达到食品安全监督抽检规定的样品量。

（信息来源：微信公众号浦东发布。时间：2023-08-05 11:06）

知识引导

1. 从上面的案例中，你认为在进行国家食品安全抽样过程中，食品样品预处理的目的和意义是什么？

2. 针对进口畜肉类食用农产品不同类型的样品，选择哪些合适的预处理方法？

知识链接 📄

知识点一 食品样品预处理的目的与原则

一、食品样品预处理的目的

(一)食品样品预处理的必要性和重要性

食品的成分复杂，既含有如糖、蛋白质、脂肪、维生素、农药等有机大分子化合物，也含有许多如钾、钠、钙、铁、镁等无机元素，这些组分之间往往通过各种作用力以复杂的结合态或络合态形式存在，当以选定的方法对其中某种成分含量进行分析时，其他组分的存在，常会产生干扰而影响被测组分的正确检出。为保证分析工作的顺利进行，得到准确的分析结果，在分

视频：预处理
的目的

析检测之前，必须采取相应的措施破坏样品中各组分之间的作用力，使被测组分游离出来，同时排除干扰组分。

另外，有些被测组分特别是有毒、有害污染物(如重金属、农药等)，其在食品中的含量极低，但危害很大，完成这样组分的测定，有时会因为所选方法的灵敏度不够而难于检出，为了准确地测出它们的含量，往往需在测定前对样品中的相应组分进行富集或浓缩，以满足分析方法的要求。

这种在测定前进行的排除干扰成分，浓缩待测组分的操作过程称为样品的预处理，它是检验分析工作中的一个重要环节。

一个完整的样本分析过程，从采样开始到写出分析报告，大致可以分为四个步骤：样本采集、样本预处理、分析检测、数据处理与报告结果。统计结果表明，这个步骤中样本预处理占用了相当多的时间，有的甚至可以占用全程时间的 60%，甚至更多，比样本本身的检测分析多近一半的时间。因此近些年来样本预处理方法和技术的研究引起了分析学家的关注。各种新技术与新方法的探索与研究已经成为当代分析化学的重要课题与发展方向之一，快速、简便、自动化的预处理技术不仅省时、省力，而且可以减少由于不同人员操作及样本多次转移带来的误差，同时可以避免使用大量有机溶剂并减少对环境的污染，样本预处理技术的深入研究必将对分析化学的发展起到积极的推动作用。

(二)食品样品预处理的目的

(1)使被测组分从复杂的样品中分离出来，制成便于测定的溶液形式(样品溶液的制备或提取)。

(2)除去分析测定中的干扰物质(分离与富集或样品净化)。

(3)如果被测组分的浓度较低，还需要进行浓缩富集(分离与富集或样品净化)。

(4)如果被测组分用选定的分析方法难以检测，还需要通过样品衍生化处理使其定量地转化成另一种易于检测的化合物(样品转态)。

二、食品样品预处理的原则与评价标准

(一)食品样品预处理的原则

(1)根据样品预处理的要求,需要综合考虑选择适宜的预处理方法。样品是否要预处理,如何进行预处理,采用何种方法,应根据样品的性状、干扰情况、测定方法和所用分析仪器的性能等方面加以综合考虑。

(2)应尽量不用或少使用预处理,以便减少操作步骤,加快分析速度,也可减少预处理过程中带来的不利影响,如引入污染、待测物损失等。

视频:预处理
的原则

(3)分解法处理样品时,分解必须完全,不能造成被测组分的损失,待测组分的回收率应足够高。常量组分分析时,要求样品回收率大于等于99.9%;微量组分分析时,样品回收率应大于等于99%;痕量组分分析时,其回收率应大于等于90%。

(4)预处理过程中,样品不能被污染,不能引入待测组分和干扰测定的物质。

(5)试剂的消耗应尽可能少,方法简便易行,速度快,对环境和人员污染少。

(6)所用器皿与样品相适应,避免器皿内壁过量残留待测对象或引入干扰组分。

(二)食品样品预处理方法的评价标准

有人说"选择一种合适的样品前处理方法,等于完成了分析工作的一半",这恰如其分地道出了样品预处理的重要性。对于一个具体样品,如何从众多的方法中去选择合适的呢?迄今为止,没有同一种样品预处理方法能完全适合不同的样品或不同的被测对象。即使同一种被测物,所处的样品与条件不同,可能要采用的前处理方法也不同。所以对于不同样品中的分析对象要进行具体分析,确定最佳方案。

一般来说,评价样品预处理方法选择是否合理,下列各项准则是必须考虑的。

(1)是否能最大限度地除去影响测定的干扰物。这是衡量预处理方法是否有效的重要指标,否则即使方法简单、快速也无济于事。

(2)被测组分的回收率是否高。回收率不高通常伴随着测定结果的重复性较差,不但影响方法的灵敏度和准确度,而且最终使低浓度的样品无法测定,因为浓度越低,回收率往往也越差。

(3)操作是否简便、省时。预处理方法的步骤越多,多次转移引起的样品损失就越大,最终的误差也越大。

(4)成本是否够低。尽量避免使用昂贵的仪器与试剂。当然,对于目前发展的一些新型高效、快速、简便、可靠而且自动化程度很高的样品预处理技术,尽管有些仪器的价格较高,但是与其所产生的效益相比,这种投资还是值得的。

(5)是否影响人体健康及环境。应尽量少用或不用污染环境或影响人体健康的试剂,即使不可避免,必须使用时也要回收循环利用,将其危害降至最低限度。

(6)应用范围尽可能广泛。尽量适合各种分析测试方法,甚至联机操作,便于过程自动化。

(7)是否适用于野外或现场操作。

随着科学技术的发展,需要分析的样品种类越来越多,分析物的含量越来越低,这就对分析样品的前处理提出了新的挑战,传统样品分离浓缩方法已经得到了改进,新的

样品前处理技术也不断出现，国内外都有相关内容的专题学术会议及许多研究论文和专著发表。

知识点二　食品样品预处理方法

一、食品样品的常规处理

按采样规程采取的样品往往数量较多，颗粒较大，组成不均匀，有些食品还连同有非食用部分。这就需要先按食用习惯除去非食用部分，将液体或悬浮液体充分搅匀，将固体样品、罐头样品等均匀化，以保证样品的各部分组成均匀一致，使分析时取出的任何部分都能获得相同的分析结果。

视频：食品样品的常规处理

(一)除去非食用部分

对植物性食品，根据品种剔除非食用的根、皮、茎、柄、叶、壳、核等；对动物性食品常需剔除羽毛、鳞爪、骨、胃肠内容物、胆囊、甲状腺、皮脂腺、淋巴结等；对罐头食品，应注意剔除果核、骨头、葱和辣椒等调味品。

(二)均匀化处理

常用的均匀化处理工具有磨粉机、万能微型粉碎机、切割型粉碎机、球磨机、高速组织捣碎机、绞肉机等。对于较干燥的固体样品，采用标准分样筛过筛。过筛要求样品全部通过规定的筛孔，未通过的部分应再粉碎并过筛，而不能将未过筛部分随意丢弃。

二、有机物破坏(无机化处理)

无机化处理主要用于食品中无机元素的测定，通常是采用高温或高温结合强氧化条件，使有机物质分解并成气态逸散，待测成分残留下来。根据具体操作条件的不同，无机化处理法可分为湿消化法和干灰化法两大类。

视频：有机物破坏法(无机化处理法)

(一)湿消化法

湿消化法简称消化法，是常用的样品无机化方法之一。通常是在适量的食品样品中，加入硝酸、高氯酸、硫酸等氧化性强酸，结合加热来破坏有机物，使待测的无机成分释放出来，并形成各种不挥发的无机化合物，以便做进一步的分析测定。有时还要加入一些氧化剂(如高锰酸钾、过氧化氢等)，或催化剂(如硫酸铜、硫酸钾、二氧化锰、五氧化二钒等)，以加速样品的氧化分解。

视频：有机物破坏法－湿式消化法

1. 方法特点

湿消化法分解有机物的速度快，所需时间短；加热温度较低，可以减少待测成分的挥发损失。缺点是在消化过程中，产生大量的有害气体，操作必须在通风橱中进行；由于消化初期，易产生大量泡沫使样液外溢，消化过程中，可能出现碳化，引起待测成分损失，因此需要操作人员随时照管；试剂用量大，空白值有时较高。

2. 常用的氧化性强酸

（1）硝酸。通常使用的浓硝酸，其浓度为 $48\%\sim65\%$，具有较强的氧化能力，能将样品中有机物氧化生成 CO_2 和 H_2O。所有的硝酸盐都易溶于水；硝酸的沸点较低，100% 硝酸在 $84\ ℃$ 沸腾，硝酸与水的恒沸混合物（69.2%）的沸点为 $121.8\ ℃$，过量的硝酸容易通过加热除去。硝酸的沸点较低，易挥发，因而氧化能力不持久。当需要补加硝酸时，应将消化液放冷，以免高温时迅速挥发损失，既浪费试剂，又污染环境；消化液中常残存较多的氮氧化物，氮氧化物对待测成分的测定有干扰时，需再加热驱赶，有的还要加水加热，才能除尽氮氧化物。对锡和锑易形成难溶的锡酸（H_2SnO_5）和偏锑酸（H_2SbO_3）或其盐。

在很多情况下，单独使用硝酸尚不能完全分解有机物，常与其他酸配合使用时，利用硝酸将样品中大量易氧化有机物分解。

（2）高氯酸。冷的高氯酸没有氧化能力，浓热的高氯酸是一种强氧化剂，其氧化能力强于硝酸和硫酸，绝大多数的有机物都能被它分解，消化食品的速度也快。这是由于高氯酸在加热条件下能产生氧和氯的缘故。

一般的高氯酸盐都易溶于水；高氯酸与水形成含 72.4% $HClO_4$ 的恒沸混合物，即通常说的浓高氯酸，其沸点为 $203\ ℃$。高氯酸的沸点适中，氧化能力较为持久，过量的高氯酸也容易加热除去。

在使用高氯酸时，需要特别注意安全，因为在高温下高氯酸直接接触某些还原性较强的物质，如酒精、甘油、脂肪、糖类以及次磷酸或其盐，因反应剧烈而有发生爆炸的可能，一般不单独使用高氯酸处理食品样品，而是用硝酸和高氯酸的混合酸来分解有机物质，在消化过程中注意随时补加硝酸，直到样品液不再碳化为止；准备使用高氯酸的通风橱，不应露出木质骨架，最好用陶瓷材料建造，在三角瓶或凯氏烧瓶上，装一个玻璃罩子与抽气的水泵连接，用来抽走蒸气；勿使消化液烧干，以免发生危险。

（3）硫酸。稀硫酸没有氧化性，而热的浓硫酸具有较强的氧化性，对有机物有强烈的脱水作用，并使其碳化，进一步氧化生成二氧化碳。受热分解时，放出氧、二氧化硫和水。

硫酸可使食品中的蛋白质氧化脱氨，但不能进一步氧化成氮氧化物。硫酸沸点高（$338\ ℃$），不易挥发损失；在与其他酸混合使用时，加热蒸发到出现二氧化硫白烟时，有利于除去低沸点的硝酸、高氯酸、水及氮氧化物。硫酸的氧化能力不如高氯酸和硝酸强；硫酸所形成的某些盐类，溶解度不如硝酸盐和高氯酸盐好，如钙、锶、钡、铅的硫酸盐，在水中的溶解度较小；沸点高，不易加热除去，应注意控制加入硫酸的量。

3. 常用的消化方法

在实际工作中，除单独使用硫酸的消化法外，经常采取几种不同的氧化性酸类配合使用，利用各种酸的特点，取长补短，以达到安全、快速、完全破坏有机物的目的。几种常用的消化方法如下。

（1）单独使用硫酸的消化法。此法在样品消化时，仅加入硫酸一种氧化性酸，在加热情况下，依靠硫酸的脱水碳化作用，使有机物破坏。由于硫酸的氧化能力较弱，消化液碳化变黑后，保持较长的碳化阶段，使消化时间延长。为此，常加入硫酸钾或硫酸铜以提高其沸点，加适量硫酸铜或硫酸汞作为催化剂，来缩短消化时间。如用凯氏定氮法测定食品中蛋白质的含量，就是利用此法来进行消化的。在消化过程中蛋白质中的氮转变成硫酸铵留在消化液中，不会进一步氧化成氮氧化物而损失。在分析一些含有机物较少的样品(如饮料)时，也可单独使用硫酸，有时可适当配合一些氧化剂(如高锰酸钾和过氧化氢等)。

(2)硝酸-高氯酸消化法。此法可先加入硝酸进行消化，待大量有机物分解后，再加入高氯酸，或者以硝酸-高氯酸混合液将样品浸泡过夜，或小火加热待大量泡沫消失后，再提高消化温度，直至消化完全为止。此法氧化能力强，反应速度快，碳化过程不明显；消化温度较低、挥发损失少。但这两种酸经加热都容易挥发，故当温度过高、时间过长时，容易烧干，并可能引起残余物燃烧或爆炸。为了防止这种情况发生，有时加入少量硫酸，以防烧干。同时加入硫酸后可适当提高消化温度，充分发挥硝酸和高氯酸的氧化作用。本法对某些还原性较强的样品，如酒精、甘油、油脂和大量磷酸盐存在时，不宜采用。

(3)硝酸-硫酸消化法。此法是在样品中加入硝酸和硫酸的混合液，或先加入硫酸，加热，使有机物分解，在消化过程中不断补加硝酸。这样可缩短碳化过程，减少消化时间，反应速度适中。此法含有硫酸，不宜做食品中碱土金属的分析，因碱土金属的硫酸盐溶解度较小。对于较难消化的样品，如含较大量的脂肪和蛋白质，可在消化后期加入少量高氯酸或过氧化氢，以加快消化的速度。

上述几种消化方法各有优缺点，在处理不同的样品或做不同的测定项目时，做法上略有差异。在掌握加热温度、加酸的次序和种类、氧化剂和催化剂的加入与否等方面，可按要求和经验灵活掌握并同时做空白试验，以消除试剂及操作条件不同所带来的误差。

4. 消化的操作技术

根据消化的具体操作不同，消化操作可分为敞口消化、回流消化、冷消化和密罐消化等。

(1)敞口消化：这是最常用的消化操作方法。通常在凯氏烧瓶(Kjeldahl flask)或硬质锥形瓶中进行消化。凯氏烧瓶是一种底部为梨形、具有长颈的硬质烧瓶。操作时，在凯氏烧瓶中加入样品和消化液，将瓶倾斜约45°，用电炉、电热板或煤气灯加热，直至消化完全为止。由于本法是敞口加热操作，有大量消化酸雾和消化分解产物逸出，故需在通风橱内进行。为了克服凯氏烧瓶因颈长底圆而取样不方便的问题，可采用硬质锥形瓶进行消化。

(2)回流消化：测定具有挥发性的成分时，可在回流消化器中进行，这种消化器由于在上端连接冷凝器，可使挥发性成分随同冷凝酸雾形成的酸液流回反应瓶，不仅可避免被测成分的挥发损失，还可防止烧干。

(3)冷消化：冷消化又称低温消化，是将样品和消化液混合后，置于室温或37~40 ℃烘箱内，放置过夜。由于在低温下消化，可避免极易挥发的元素(如汞)的挥发损失，不需特殊的设备，较为方便，但仅适用于含有机物较少的样品。

(4)密封罐消化：这是近年来开发的一种新型样品消化技术。在聚四氟乙烯容器中加入样品，如果样品量为1 g或1 g以下，可加入4 mL 30%过氧化氢和1滴硝酸，置于密封罐内。放入150 ℃烘箱中保温2 h，待自然冷却至室温，摇匀，开盖，便可取此液直接测定，不需要再冲洗转移等手续。由于过氧化氢和硝酸经加热分解后，均生成气体逸出，故空白值较低。

5. 消化操作的注意事项

（1）消化所用的试剂，应采用纯净的酸及氧化剂，所含杂质要少，并同时按与样品相同的操作，做空白试验，以消除消化试剂对测定数据的影响。如果空白值较高，应提高试剂纯度，并选择质量较好的玻璃器皿进行消化。

（2）消化瓶内可加入玻璃珠或瓷片，以防止暴沸，凯氏烧瓶的瓶口应倾斜，不应对着自己或他人。加热时火力应集中于底部，瓶颈部位应保持较低的温度，以冷却酸雾，并减少被测成分的挥发损失。消化时如果产生大量泡沫，除迅速减小火力外，也可将样品和消化液在室温下浸泡过夜，第二天再进行加热消化。

（3）在消化过程中需要补加酸或氧化剂时，首先要停止加热，待消化液稍冷后才沿瓶壁缓缓加入，以免发生剧烈反应，引起喷溅，造成对操作者的危害和样品的损失。在高温下补加酸，会使酸迅速挥发，既浪费酸，又会对环境增加污染。

（二）干灰化法

干灰化法简称灰化法或灼烧法，同样是破坏有机物质的常规方法。通常将样品放在坩埚中，在高温灼烧下使食品样品脱水、焦化，并在空气中氧的作用下，使有机物氧化分解成二氧化碳、水和其他气体而挥发，剩下无机物（盐类或氧化物）供测定用。

视频：有机物破坏法－干式灰化法

1. 干灰化法的优缺点

干灰化法的优点是，不加或加入很少的试剂，因而有较低的空白值；它能处理较多的样品；很多食品经灼烧后灰分少，体积小，故可加大称样量（可达 10 g），在方法灵敏度相同的情况下，可提高检出率；干灰化法适用范围广，很多痕量元素的分析都可采用；干灰化法操作简单，需要设备少，灰化过程中不需要人一直看守，可同时做其他试验准备工作，并适合做大批量样品的预处理，省时省事。干灰化法的缺点是，首先由于敞口灰化，温度又高，故容易造成被测成分的挥发损失；其次是坩埚材料对被测成分的吸留作用，高温灼烧使坩埚材料结构改变造成微小空穴，使某些被测成分吸留于空穴中，很难溶出，致使回收率降低，灰化时间长。

2. 提高回收率的措施

用干灰化法破坏有机物时，影响回收率的主要因素是高温挥发损失；其次是容器壁的吸留。故提高回收率的措施如下。

（1）采取适宜的灰化温度。灰化食品样品，应在尽可能低的温度下进行，但温度过低会延长灰化时间，通常选用 500～550 ℃灰化 2 h，或在 600 ℃灰化，一般不要超过 600 ℃。控制较低的温度是克服灰化缺点的主要措施。近年来，开始采用低温灰化技术（low temperature technique），将样品放在低温灰化炉中，先将炉内抽至接近真空（10 Pa 左右），然后不断通入氧气，每分钟为 0.3～0.8 L，用射频照射使氧气活化，在低于 150 ℃的温度下便可将有机物全部灰化。但低温灰化炉仪器价格较高，尚难普及推广。用氧瓶燃烧法来灰化样品，不需要特殊的设备，较易办到。将样品包在滤纸内，夹在燃烧瓶塞下的托架上，在燃烧瓶中加入一定量的吸收液，并充满纯的氧气，点燃滤纸包立即塞紧燃烧瓶口，使样品中的有机物燃烧完全，剧烈振摇，让烟气全部吸收在吸收液中，最后取出分析。本法适用于植物叶片、种子等少量固体样品，也适用于少量被样品及纸色谱分离后的样品斑点分析。

（2）加入助灰化剂。加入助灰化剂往往可以加速有机物的氧化，并可防止某些组分的挥发损失和增强吸留。例如，加氢氧化钠或氢氧化钙可使卤族元素转变成难挥发的碘化铀和氟化钙等；灰化含砷样品时，加入氧化砷和硝酸镁，能使砷转变成不挥发的焦砷酸镁（$Mg_2As_2O_7$），氧化镁还起衬垫材料的作用，减少样品与坩埚的接触和吸留。

(3)促进灰化和防止损失的措施。样品灰化后如仍不变白，可加入适量酸或水搅动，帮助灰分溶解，解除低熔点灰分对碳粒的包裹，再继续灰化，这样可缩短灰化时间，但必须让坩埚稍冷后才加酸或水。加酸还可改变盐的组成形式，如加硫酸可使一些易挥发的氯化铅、氯化砷转变成难挥发的硫酸盐；加硝酸可提高灰分的溶解度。但酸不能加得太多，否则会对高温炉造成损害。

三、马弗炉

马弗炉可用于各种小型钢件淬火、退火、回火等金属热处理，陶瓷的烧结、各种灰分检测等高温加热时的元素分析测定，适用于工矿企业、大专院校、试验室科研单位等。如果要检测塑料、橡胶灰分，则需要用硅碳棒加热炉子。

(一)马弗炉的分类

马弗炉根据其加热元件、使用温度和控制器的不同有以下几种分类。

(1)按加热元件划分，可分为电炉丝马弗炉、硅碳棒马弗炉、硅钼棒马弗炉。

(2)按使用温度划分，可分为 1 000 ℃以下箱式马弗炉、1 100～1 300 ℃马弗炉（硅碳棒马弗炉）、1 600 ℃以上硅钼棒马弗炉。

(3)按控制器划分，可分为 PID 调节控制马弗炉（可控硅数显温度控制器）、程序控制马弗炉（微电脑时温程控器）。

(4)按保温材料划分，可分为普通耐火砖马弗炉和陶瓷纤维马弗炉两种。

(二)马弗炉安装注意事项

打开包装后，检查马弗炉是否完整无损，配件是否齐全。

(1)一般的马弗炉不需要特殊安装，只需平放在室内牢靠的水泥台面上或搁架上，周围不应有易燃易爆物质。控制器应避免振动，放置位置与电炉不宜太近，防止因过热而造成内部元件不能正常工作。

(2)将热电偶插入炉膛 20～50 mm，孔与热电偶之间空隙用石棉绳填塞。连接热电偶至控制器最好用补偿导线（或用绝缘钢芯线），注意正负极，不要接反。

(3)在电源线引入处需要另外安装电源开关，以便控制总电源。为了保证安全操作，电炉与控制器必须可靠接地。

(4)在使用前，将温控器调整到零点，在使用补偿导线及冷端补偿器时，应将机械零点调整至冷端补偿器的基准温度点；不使用补偿导线时，则机械零点调至零刻度位，但所指示的温度为测量点和热电偶冷端的温差。

(5)首先设定指针，调整至所需要的工作温度，然后接通电源。打开电源开关，电炉通电，控制面板上即有输入电流、电压、输出功率及实时温度等显示。随着电炉内部温度的升高，实时温度也会跟着增高，此现象表明系统工作正常。

(三)日常维护保养注意事项

(1)当马弗炉第一次使用或长期停用后再次使用时，必须进行烘炉。烘炉的时间应为室温 200 ℃，4 h；200~600 ℃，4 h。使用时，炉温最高不得超过额定温度，以免烧毁电热元件。禁止向炉内灌注各种液体及易溶解的金属，马弗炉最好在低于最高温度 50 ℃ 的环境下工作，此时炉丝有较长的寿命。

（2）马弗炉和控制器必须在相对湿度不超过 85% ，没有导电尘埃、爆炸性气体或腐蚀性气体的场所工作。凡附有油脂之类的金属材料需进行加热时，马弗炉有大量挥发性气体将影响和腐蚀电热元件表面，使之销毁或缩短寿命。因此，加热时应及时预防和做好密封容器或适当开孔加以排除。

（3）马弗炉控制器应限制在环境温度 0~40 ℃ 范围内使用。

（4）根据技术要求，定期检查电炉、控制器的各接线的连线是否良好。连接到控制器的各测温热电偶可能对控制器产生干扰，出现控制器显示值跳字、测量误差增大等现象，炉温度越高，此现象越明显。因此，务必将热电偶的金属保护管（外壳）良好接地，必要时，使用三相输出的热电偶。总之，应采取一切有效措施减小干扰。

（5）热电偶不要在高温时骤然拔出，以防外套炸裂。

（6）经常保持炉膛清洁，及时清除炉内氧化物之类杂物。

（7）使用过程中，在炉内用碱性物质熔融试样或灼烧沉淀物时，应严格控制操作条件，最好在炉底预先铺一层耐火板，以防止腐蚀炉膛。

（四）日常使用安全技术操作规程

（1）使用时切勿超过本炉的最高温度。

（2）装取试样时一定要切断电源，以防触电。

（3）装取试样时炉门开启时间应尽量短，以延长电炉使用寿命。

（4）禁止向炉膛内灌注任何液体。

（5）不得将沾有水或油的试样放入炉膛；不得用沾有水或油的夹子装取试样。

（6）装取试样时要戴手套，以防烫伤。

（7）试样应放在炉膛中间，整齐放好，切勿乱放。

（8）不得随便触摸电炉及周围的试样。

（9）使用完毕后应切断电源、水源。

（10）未经管理人员许可，不得操作电阻炉，严格按照设备的操作规程进行操作。

四、蒸馏法

蒸馏法是利用液体混合物中各组分的挥发度不同而进行分离的一种方法。该方法既可用于除去干扰组分，也可用于被测组分的蒸馏逸出，收集馏出液进行分析。根据样品组分性质不同，蒸馏方式有常压蒸馏、减压蒸馏和水蒸气蒸馏。

视频：蒸馏法－常压蒸馏（一）　视频：蒸馏法－常压蒸馏（二）

（一）常压蒸馏

当被蒸馏的物质受热后不易发生分解或在沸点不太高的情况下，可在常压下进行蒸馏。常压蒸馏的装置比较简单，如图 4-1 所示。加热方式要根据被蒸馏物质的沸点来确定，如果沸点不高于 90 ℃ 可用水浴加热；如果沸点超过 90 ℃，则可改用油浴、沙浴、盐浴或石棉浴；如果被蒸馏的物质不易爆炸或燃烧，可用电炉或酒精灯直接加热，最好垫以石棉网；

如果是有机溶剂，则要用水浴，并注意防火。

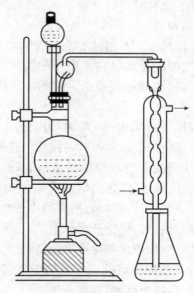

图 4-1　常压蒸馏装置

(二)减压蒸馏

如果样品中待蒸馏组分易分解或沸点太高，可采取减压蒸馏。减压蒸馏的装置比较复杂，如图 4-2 所示。如海产品中无机砷的减压蒸馏分离，在 2.67 kPa(20 mmHg)压力下，于 70 ℃进行蒸馏，可使样品中的无机砷在盐酸存在下生成三氯化砷被蒸馏出来，而有机砷在此条件下不挥发也不分解，仍留在蒸馏瓶内，从而达到分离的目的。

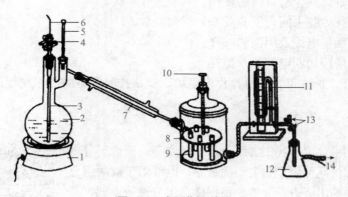

视频：蒸馏法－
减压蒸馏(一)

视频：蒸馏法－
减压蒸馏(二)

图 4-2　减压蒸馏装置

1—电炉；2—克莱森瓶；3—毛细管；4—螺旋止水夹；5—温度计；6—细铜丝；7—冷凝器；
8—接收瓶；9—接收器；10—转动把；11—压力计；12—安全瓶；13—三通阀门；14—接抽气机

(三)水蒸气蒸馏

某些物质沸点较高，直接加热蒸馏时，因受热不均易引起局部碳化；还有些被测成分，当加热到沸点时可能发生分解，这些成分的提取，可用水蒸气蒸馏。水蒸气蒸馏用水蒸气加热水和与水互不相溶的混合液体，使具有一定挥发度的被测组分与水蒸气按分压成比例地从溶液中一起蒸馏出来。水蒸气蒸馏的装置较复杂，如图 4-3 所示。例如，防腐剂苯甲酸及其钠盐的测定、从样品中分离六六六等，均可用水蒸气蒸馏法进行处理。

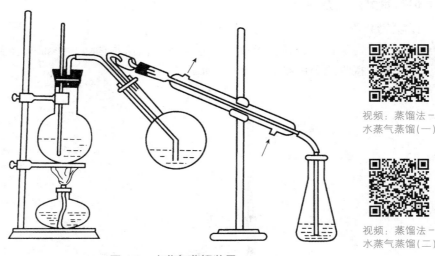

视频：蒸馏法－水蒸气蒸馏(一)

视频：蒸馏法－水蒸气蒸馏(二)

图 4-3 水蒸气蒸馏装置

五、常压蒸馏

(一)蒸馏目的

蒸馏目的是提纯液体有机化合物。

(1)将易挥发的与不易挥发的物质分离。

(2)将沸点相差 30 ℃以上的两种液体混合物分离。

注意：不能用常压蒸馏的方法分离二元或三元共沸混合物(有些组分以一定比例混合后可组成具有固定沸点的混合物)，如 95.6％的乙醇和 4.4％的水，69.4％的乙酸乙酯和 30.6％的乙醇。

(二)原理

(1)饱和蒸汽压：液体分子由于分子运动有从表面逸出的倾向，这种倾向随着温度的升高而增大，进而在液面上部形成蒸气。当分子由液体逸出的速度与分子由蒸气回到液体中的速度相等时，液面上的蒸气达到饱和，称为饱和蒸气。它对液面所施加的压力称为饱和蒸汽压。试验证明，液体的蒸汽压只与温度有关，每种物质在一定温度下都有固定的饱和蒸汽压。

(2)沸点：当液体的蒸汽压增大到与外界施于液面的总压力(通常是大气压力)相等时，就有大量气泡从液体内部逸出，即液体沸腾，这时的温度称为液体的沸点。

纯净的液体有机化合物在一定压力下具有一定的沸点(沸程)。利用这一点，我们可以测定纯液体有机物的沸点。但是具有固定沸点的液体不一定都是纯粹的化合物，因为某些有机化合物常和其他组分形成二元或三元共沸混合物，它们也有一定的沸点。

(3)蒸馏过程：蒸馏是将液体有机物加热到沸腾状态，使液体变成蒸气，又将蒸气冷凝为液体的过程。

通过蒸馏可除去不挥发性杂质，可分离沸点差大于 30 ℃ 的液体混合物，还可以测定纯液体有机物的沸点及定性检验液体有机物的纯度。

(三)蒸馏装置及安装

1. 蒸馏装置

蒸馏装置由气化、冷凝和接收三部分组成，包括蒸馏瓶、蒸馏头、温度计、直型冷凝管、尾接管、接收瓶等仪器，如图 4-4 所示。

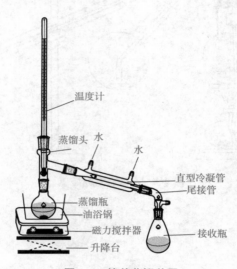

图 4-4　简单蒸馏装置

(1)蒸馏瓶：蒸馏瓶的选用与被蒸液体量的多少有关，通常装入液体的体积应为蒸馏瓶容积的 1/3～2/3。液体量过多或过少都不宜。

(2)蒸馏头：在蒸馏低沸点液体时，选用长颈蒸馏头；而蒸馏高沸点液体时，选用短颈蒸馏头。

(3)温度计：温度计应根据精确度的要求和被蒸馏液体的沸点高低来选用。

(4)冷凝管：冷凝管可分为水冷凝管和空气冷凝管两类。水冷凝管用于被蒸液体沸点低于 140 ℃ 的情况；空气冷凝管用于被蒸液体沸点高于 140 ℃ 的情况。

(5)尾接管及接收瓶：尾接管将冷凝液导入接收瓶中。常压蒸馏选用锥形瓶为接收瓶，减压蒸馏选用圆底烧瓶为接收瓶。

2. 仪器的安装

(1)从热源处开始，自下而上，先左后右。仪器组装应做到横平竖直，铁架台整齐放在仪器背后，夹子松紧适宜地夹于烧瓶磨口处，烧瓶与电热源之间要有一定空隙。

(2)温度计的水银球上沿应在蒸馏头支管下沿的水平延长线上。

(四)试验步骤

(1)加料：将待蒸样品小心倒入蒸馏瓶，加入量为烧瓶容量的 1/3～2/3，现统一为 1/2，不要使液体从支管流出，放入 2～3 粒沸石，接好蒸馏头，塞好带温度计的塞子，注意温度计的位置。检查装置是否稳妥与气密性是否良好。

（2）加热：先打开冷凝水龙头，注意冷水自下而上，缓缓通入冷水，然后开始加热。当液体沸腾，蒸气到达水银球部位时，温度计读数急剧上升，调节热源，让水银球上液滴和蒸气温度达到平衡，使蒸馏速度以每秒1～2滴为宜。此时温度计读数就是馏出液的沸点。

（3）收集馏液：准备两个接收瓶：一个接收前馏分；另一个（需称重）接收所需馏分，并记下该馏分的沸程：即该馏分的第一滴和最后一滴时温度计的读数。在所需馏分蒸出后，温度计读数会突然下降。此时应停止蒸馏。即使杂质很少，也不要蒸干，以免蒸馏瓶破裂及发生其他意外事故。

（4）拆除蒸馏装置：蒸馏完毕，先应撤出热源，然后停止通水，最后拆除蒸馏装置（与安装顺序相反）。

（五）注意事项

（1）选择合适容量的仪器，即液体量应与仪器配套，瓶内液体的体积量应不少于瓶的体积的1/3，不多于2/3。

（2）温度计的位置，温度计水银球上线应与蒸馏头侧管下线对齐。

（3）开始加热前必须加入沸石，防止液体过热而出现的暴沸现象。在沸石的微孔中，吸附着一些空气，当加热时会不断冒出微小的气泡成为液体汽化中心，使液体沸腾平稳。如果加热前忘记加沸石，应停止加热，待液体稍冷后再加。如果沸腾中途停止，则在重新加热前加入新沸石。

（4）整个装置应通大气，绝不能造成封闭系统，因为封闭系统在加热时会引起爆炸事故。

（5）某些液体有时因蒸干而爆炸，所以进行蒸馏时，一般都使烧瓶剩下少量液体。

六、减压蒸馏

（一）原理

减压蒸馏是分离和提纯有机化合物的一种重要方法。它特别适用于那些在常压蒸馏时未达到沸点即已受热分解、氧化或聚合的物质。

液体的沸点是指它的蒸汽压等于外界大气压时的温度。所以液体沸腾的温度是随外界压力的降低而降低。因而如用真空泵连接盛有液体的容器，使液体表面上的压力降低，即可降低液体的沸点。这种在较低压力下进行蒸馏的操作就称为减压蒸馏。

减压蒸馏时物质的沸点与压力有关。对于一般的高沸点有机物，当压力降低到2.67 kPa（20 mmHg）时，其沸点要比常压下的沸点低100～120 ℃。当减压蒸馏在1.33～3.33 kPa（10～25 mmHg）进行时，大体上压力每相差0.133 kPa（1 mmHg），沸点约相差1 ℃。当要进行减压蒸馏时，预先粗略地估计出相应的沸点，对具体操作和选择合适的温度计与热浴都有一定的参考价值。

（二）试验装置

常用的减压蒸馏系统可分为蒸馏装置、抽气装置、保护与测压装置三部分，如图4-5所示。

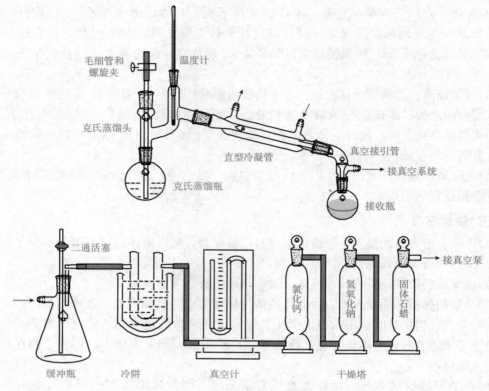

图 4-5　减压蒸馏系统

1. 蒸馏装置

这一部分与普通蒸馏相似，也可分为三个组成部分。

（1）减压蒸馏瓶（又称克氏蒸馏瓶，也可用圆底烧瓶和克氏蒸馏头代替）有两个颈，其目的是避免减压蒸馏时瓶内液体由于沸腾而冲入冷凝管，瓶的一颈中插入温度计，另一颈中插入一根距瓶底 1～2 mm、末端拉成毛细管的玻管。毛细管的上端连有一段带螺旋夹的橡皮管，螺旋夹用以调节进入空气的量，使极少量的空气进入液体，呈微小气泡冒出，作为液体沸腾的汽化中心，使蒸馏平稳进行，又起搅拌作用。

（2）冷凝管和普通蒸馏相同。

（3）接液管（尾接管）和普通蒸馏不同。接液管上具有可供接抽气部分的小支管。蒸馏时，若要收集不同的馏分而又不中断蒸馏，则可用两尾或多尾接液管。转动多尾接液管，就可使不同的馏分进入指定的接收器。

2. 抽液装置

试验室通常用水泵或油泵进行抽液减压。

（1）水泵（或水循环泵）：所能达到的最低压力为当时室温下水蒸气的压力。若水温为 6～8 ℃，水蒸汽压力为 0.93～1.07 kPa；在夏天，若水温为 30 ℃，则水蒸汽压力为 4.2 kPa。不同温度下水蒸气的压力可查表。

（2）油泵：油泵的效能决定于油泵的机械结构及真空泵油的好坏。好的油泵能抽至真空度为 13.3 Pa。油泵结构较精密，工作条件要求较严。蒸馏时，如果有挥发性的有机溶剂、水或酸的蒸气，都会损坏油泵并降低其真空度。因此，使用时必须十分注意油泵的保护。

3. 保护与测压装置

当用油泵进行减压蒸馏时，为了防止易挥发的有机溶剂、酸性物质和水汽进入油泵，必须在馏液接收器与油泵之间顺次安装缓冲瓶、冷阱、真空压力计和几个吸收塔。缓冲瓶的作用是起缓冲和系统通大气用的，上面装有一个两通活塞。冷阱的作用是将蒸馏装置中冷凝管没有冷凝的低沸点物质捕集起来，防止其进入后面的干燥系统或油泵中。冷阱中冷却剂的选择随需要而定。例如可用冰-水、冰-盐、干冰、丙酮等冷冻剂。吸收塔（又称干燥塔）通常设三个：第一个装无水 $CaCl_2$ 或硅胶，吸收水汽；第二个装粒状 NaOH，吸酸性气体；第三个装切片石蜡，吸烃类气体。

试验室通常利用水银压力计来测量减压系统的压力。水银压力计又有开口式水银压力计和封闭式水银压力计。

(三)操作要点及注意事项

(1)被蒸馏液体中若含有低沸点物质时，通常先进行普通蒸馏，再进行水泵减压蒸馏，而油泵减压蒸馏应在水泵减压蒸馏后进行。

(2)安装好减压蒸馏装置后，在蒸馏瓶中，加入待蒸液体（不超过容量的 1/2），先旋紧橡皮管上的螺旋夹，打开安全瓶上的两通活塞，使系统与大气相通，启动油泵抽气，逐渐关闭两通活塞至完全关闭，注意观察瓶内的鼓泡情况（如发现鼓泡太剧烈，有冲料危险，立即将两通活塞旋开些），从压力计上观察体系内的真空度是否符合要求。如果因为漏气（而不是油泵本身效率的限制）而不能达到所需的真空度，可检查各部分塞子、橡皮管和玻璃仪器接口处连接是否紧密，必要时可用熔融的固体石蜡密封。

如果超过所需的真空度，可小心地旋转两通活塞，使其慢慢地引进少量空气，同时注意观察压力计上的读数，调节体系真空度到所需值（根据沸点与压力关系）。

调节螺旋夹，使液体中有连续平衡的小气泡产生，如无气泡，可能是螺旋夹夹得太紧，应旋松点；但也可能是毛细管已经阻塞，应予以更换。

(3)在系统调节好真空度后，开启冷凝水，选用适当的热浴（一般用油浴）加热蒸馏，蒸馏瓶圆球部至少应有 2/3 浸入油浴，在油浴中放一温度计，控制油浴温度比待蒸液体的沸点高 20～30 ℃，使每秒馏出 1～2 滴。在整个蒸馏过程中，都要密切注意温度计和真空计的读数，及时记录压力和相应的沸点值，根据要求，收集不同馏分。通常起始流出液比要收集的物质沸点低，这部分为前馏分，应另用接收器接收；在蒸至接近预期的温度时，只要旋转双叉尾接管，就可换个新接收瓶接收需要的物质。

(4)蒸馏完毕，移去热源，慢慢旋开螺旋夹（防止倒吸），再慢慢打开两通活塞，平衡内外压力，使测压计的水银柱慢慢地恢复原状（若打开得太快，水银柱很快上升，有冲破测压计的可能），然后关闭油泵和冷却水。

七、水蒸气蒸馏

(一)原理

根据道尔顿分压定律，对于两种互不相溶的液体混合物：

$$P_{总} = P_{H_2O} + P_B$$

式中，$P_总$ 为总蒸汽压；P_{H_2O} 为水的蒸汽压；P_B 为不溶于水的物质的蒸汽压。

当总蒸汽压等于大气压力时，混合物沸腾（此时的温度为共沸点）。这样，高沸点的有机物进行水蒸气蒸馏时，在低于 100 ℃时就可和水一起被蒸馏出来。

1. 水蒸气蒸馏操作

将水蒸气通入不溶或难溶于水且有一定蒸汽压的有机物（近 100 ℃其蒸汽压至少为 1.33 kPa）中，该有机物可在低于 100 ℃的温度下，随着水蒸气一起被蒸馏出来，如图 4-6 所示。

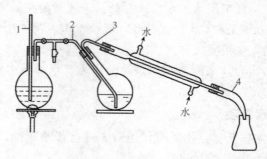

图 4-6　水蒸气蒸馏装置
1—安全管；2—水蒸汽导入管；3—水蒸汽蒸馏馏出液导出管；4—接液管

2. 被提纯物质应具备的条件

(1)不溶于水或难溶于水。

(2)与水不发生化学反应。

(3)在 100 ℃左右必须有一定的蒸汽压，至少 1.33 kPa。

(二)水蒸气蒸馏的使用范围

(1)从大量树脂状杂质或不挥发性杂质中分离有机物。

(2)除去不挥发性的有机杂质。

(3)从固体反应混合物中分离被吸附的液体产物。

(4)常用于沸点很高且高温易分解、变色的挥发性液体，除去不挥发性的杂质。

(三)操作要点

(1)水蒸气发生器上的安全管(平衡管)不宜太短，其下端应接近器底，盛水量为其容量的 1/2，最多不超过 2/3，常在发生器中加入沸石起助沸作用。

(2)混合物的体积不超过蒸馏烧瓶容量的 1/3，导入蒸气玻璃管下端伸到接近瓶底。

(3)蒸馏前将 T 形管上的止水夹打开，当 T 形管的支管有水蒸气冲出时，通冷凝水，开始通水蒸气，进行蒸馏。

(4)在蒸馏过程中，要经常检查安全管中的水位是否正常，如发现其突然升高，意味着有堵塞现象，应立即打开止水夹，移去热源，使水蒸气发生器与大气相通，避免发生事故(如倒吸)，待故障排除后再进行蒸馏。

(5)如发现 T 形管支管处水积聚过多，超过支管部分，也应打开止水夹，将水放掉，否则将影响水蒸气通过。

(6)应尽量缩短水蒸气发生器与蒸馏烧瓶之间的距离，以减少水汽的冷凝。

(7)为使水蒸气不致在烧瓶中冷凝过多而增加混合物的体积。在通水蒸气时，可在烧瓶下用小火加热。

（8）随水蒸气挥发馏出的物质熔点较高，在冷凝管中易凝成固体堵塞冷凝管，调小冷凝水或停止通冷凝水，还可以考虑改用空气冷凝管。

（9）当馏出液澄清透明，不含有油珠状的有机物时，即可停止蒸馏，这时也应首先打开夹子，然后移去热源。

（四）相关问题及注意事项

（1）进行水蒸气蒸馏时，先将溶液（混合液或混有少量水的固体）置于圆底烧瓶中，加热水蒸气发生器至接近沸腾后将弹簧夹夹紧，使水蒸气均匀进入圆底瓶。

（2）在蒸馏过程中，如发现安全管中的水位迅速上升，则表示系统中发生了堵塞。此时应立即打开螺旋夹，然后移去热源。待排除堵塞后再进行水蒸气蒸馏。

（3）在蒸馏中需要中断或蒸馏完毕后，一定要先打开螺旋夹通大气，然后才可以停止加热，否则圆底烧瓶中液体会倒吸入水蒸气发生器中。

（4）如果和水蒸气一起蒸出的物质具有较高的熔点，冷凝后易于析出固体，应当调节冷凝水的流速，使它冷凝后仍保持液态。万一冷凝管已经被堵塞，应立即停止蒸馏，并且设法疏通。诸如使用玻璃棒将堵塞的物质捅出来或在冷凝管夹套中灌以热水使之熔出。

（5）当冷凝管夹套中要重新通入冷却水时，需要小心并且缓慢地流入，以免冷凝管因骤冷而破裂。

八、离心分离

离心分离是借助离心机旋转所产生的离心力，根据物质颗粒的沉降系数、质量、密度及浮力等因子的不同，而使物质分离的技术。

视频：溶剂提取法－离心分离法

离心机是一种分离机械，其作用是将固体和液体的混合液（液体和液体）分离，从而分别得到固体和液体（或液体和液体）。离心机的工作原理是把一种具有不同密度的混合液静置后会出现自然分层现象，固体一般会沉降到底层，而上层形成澄清的液体。分层靠的是地球的重力加速度，为了适应工业生产需要，人们需要更快和更多地分离某些混合液，这样就产生了离心机。

（一）离心机的种类与用途

离心机按用途有分析用、制备用及分析-制备用之分；按结构特点则有管式、吊篮式、转鼓式和碟式等多种；按转速可分为常速（低速）离心机、高速离心机和超速离心机三种，如图 4-7 所示。

图 4-7　不同类型的离心机

1. 常速离心机

常速离心机又称为低速离心机。其最大转速在 8 000 r/min 以内，相对离心力（RCF）在 $1×10^4$ g 以下，主要用于分离细胞、细胞碎片及培养基残渣等固形物和粗结晶等较大颗粒。常速离心机的分离形式、操作方式和结构特点多种多样，可根据需要选择使用。

2. 高速离心机

高速离心机的转速为 $1×10^4$～$2.5×10^4$ r/min，相对离心力达 $1×10^4$～$1×10^5$ g，主要用于分离各种沉淀物、细胞碎片和较大的细胞器等。为了防止高速离心过程中温度升高而使酶等生物分子变性失活，有些高速离心机装设了冷冻装置，称为高速冷冻离心机。

3. 超速离心机

超速离心机的转速达 $2.5×10^4$～$8×10^4$ r/min，最大相对离心力达 $5×10^5$ g 甚至更高一些。超速离心机的精密度相当高。为了防止样品液溅出，一般附有离心管帽；为防止温度升高，均有冷冻装置和温度控制系统；为了减少空气阻力和摩擦，设置有真空系统。此外还有一系列安全保护系统、制动系统及各种指示仪表等。

超速离心机用于样品纯度检测时，是在一定的转速下离心一段时间以后，用光学仪器测出各种颗粒在离心管中的分布情况，通过紫外吸收率或折光率等判断其纯度。若只有一个吸收峰或只显示一个折光率改变，表明样品中只含一种组分，样品纯度很高。若有杂质存在，则显示含有两种或多种组分的图谱。

（二）离心分离方法的选择

离心分离的方法可分为三类。

1. 差速离心

采用不同的离心速度和离心时间，使沉降速度不同的颗粒分批分离的方法，称为差速离心。操作时，采用均匀的悬浮液进行离心，选择好离心力和离心时间，使大颗粒先沉降，取出上清液，在加大离心力的条件下再进行离心，分离较小的颗粒。如此多次离心，使不同大小的颗粒分批分离。差速离心所得到的沉降物含有较多杂质，需经过重新悬浮和再离心若干次，才能获得较纯的分离产物。

差速离心主要用于分离大小和密度差异较大的颗粒。操作简单方便，但分离效果较差。

2. 密度梯度离心

密度梯度离心是样品在密度梯度介质中进行离心，使密度不同的组分得以分离的一种区带分离方法。密度梯度系统是在溶剂中加入一定的梯度介质制成的。梯度介质应有足够大的溶解度，以形成所需的密度，不与分离组分反应，而且不会引起分离组分的凝聚、变性或失活，常用的有蔗糖、甘油等。使用最多的是蔗糖密度梯度系统，其梯度范围：蔗糖浓度为 5％～60％，密度为 1.02～1.30 g/cm³。

密度梯度的制备可采用梯度混合器，也可将不同浓度的蔗糖溶液，小心地一层层加入离心管，越靠管底，浓度越高，形成阶梯梯度。离心前，把样品小心地铺放在预先制备好的密度梯度溶液的表面。离心后，不同大小、不同形状、有一定的沉降系数差异的颗粒在密度梯度溶液中形成若干条界面清晰的不连续区带。各区带内的颗粒较均一，分离效果较好。

在密度梯度离心过程中，区带的位置和宽度随离心时间的不同而改变。随离心时间的加长，区带会因颗粒扩散而越来越宽。为此，适当增大离心力而缩短离心时间，可减少区带扩宽。

3. 等密度离心

将 $CsCl_2$、$CsSO_4$ 等介质溶液与样品溶液混合，然后在选定的离心力作用下，经足够时间的离心，铯盐在离心场中沉降形成密度梯度，样品中不同浮力密度的颗粒在各自的等密度点位置上形成区带。前述密度梯度离心法中，欲分离的颗粒未达到其等密度位置，故分离效果不如等密度离心法好。

应当注意的是，铯盐浓度过高和离心力过大时，铯盐会沉淀管底，严重时会造成事故，故等密度离心需由专业人员经严格计算确定铯盐浓度和离心机转速及离心时间。此外，铯盐对铝合金转子有很强的腐蚀性，故最好使用钛合金转子，转子使用后要仔细清洗并干燥。

九、溶剂提取法

在同一溶剂中，不同物质具有不同的溶解度。利用混合物中各物质溶解度的不同将混合物组分完全或部分分离的过程称为萃取，也称提取。常用方法有浸提法、溶剂萃取法、层析法。

视频：溶剂提取法

(一)浸提法

浸提法又称浸泡法，用于从固体混合物或有机体中提取某种物质，所采用的提取剂，应既能大量溶解被提取的物质，又不破坏被提取物质的性质。抽提应做到越完全越好，并且应尽量使基质中的一些干扰物质不进入提取剂，以免干扰测定。

浸提方法很多，常用的如下。

(1)振荡提取法。将粉碎或切碎的样品置于磨口锥形瓶，用选择好的溶剂浸泡，可以增加两相之间的接触面积，将锥形瓶置于振荡器上振荡，以提高提取率，然后过滤，将提取液与残渣分离，再用溶剂洗涤残渣数次，即完成抽提操作，此法的优点是操作简单、快速、提取率高，但回收率低。

(2)组织捣碎法。将样品先粉碎或切碎，放入组织捣碎机，加入适量的溶剂，快速捣碎 $1\sim2$ min，过滤。再用溶剂洗涤数次，即完成抽提操作。此法的优点是提取率高、快速、操作简便，但干扰杂质溶出较多。

(3)索氏抽提法。将试样置于索氏(Soxhlet)抽提器(图 4-8)中，溶剂在抽提器中"加热、蒸发、冷凝、抽提、回流"如此反复循环提取，直至试样中待测成分完全被抽到烧瓶中。此法提取较为完全，但操作费时，不能使用高沸点溶剂提取，也不适用于提取易热分解的物质。

(二)溶剂萃取法

溶剂萃取法用于从溶液中提取某一组分，利用该组分在两种互不相溶的试剂中分配系数的不同，使其从一种溶液中转移至另一种溶剂中，从而与其他组分分离，达到分离和富集的目的。通常可用分液漏斗多次提取达到目的。若被转移的成分是有色化合物，可用有机相直接进行比色测定，即萃取比色法。萃取比色法具有较高的灵敏

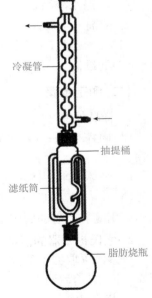

冷凝管

抽提桶

滤纸筒

脂肪烧瓶

图 4-8　索氏抽提器

度和选择性。如双硫腙法测定食品中的铅含量。此法设备简单、操作迅速、分离效果好，但是成批试样分析时工作量大。同时，萃取溶剂常易挥发、易烧，且有毒性，操作时应加以注意。

（1）萃取溶剂的选择：萃取用溶剂应与原溶剂互不相溶，对被测组分有最大溶解度，而对杂质有最小溶解度，即被测组分在萃取溶剂中有最大的分配系数，而杂质只有最小的分配系数。经萃取后，被测组分进入萃取溶剂，与仍留在原溶剂中的杂质分离开。例如，农药、霉菌毒素等物质在极性溶剂中有较大的分配系数，而脂肪、色素、蜡质等干扰物在非极性溶剂中有较大的分配系数。可选用三氯甲烷、甲醇、二甲亚砜、二甲基甲酰胺等极性溶剂作为萃取剂，从石油醚或已烷等样品液中，将农药、霉菌毒素等萃取出来，而脂肪、色素、蜡质等干扰物则留在样品溶液中。

（2）萃取方法：萃取在分液漏斗中进行，连续几次萃取的方法，即分几次加入萃取剂进行萃取，以提高萃取效率，尤其当溶质之间的分配系数差异不大时，可以用多级萃取的方法达到净化的目的。当用比水轻的溶剂从水中提取分配系数小或者振荡后易乳化的物质时，可以在水中加入某些盐类，如氯化钠、硫酸钠等，使被测组分在水-极性溶剂中溶解度大幅降低，促使分层清晰。

十、索氏抽提的使用

（一）仪器与试剂

1. 仪器

（1）索氏提取器、电热恒温鼓风干燥箱。

（2）干燥器。

（3）恒温水浴箱。

2. 试剂

（1）无水乙醚（不含过氧化物）或石油醚（沸程为 30～60 ℃）。

（2）滤纸筒。

（二）测定步骤

动画：索氏抽提
法－食品中粗
脂肪的测定

1. 样品处理

（1）固体样品：准确称取均匀样品 2～5 g（精确至 0.001 g），装入滤纸筒。

（2）液体或半固体：准确称取均匀样品 5～10 g（精确至 0.001 g），置于蒸发皿中，加入海砂约 20 g，搅匀后于沸水浴上蒸干，然后在 95～105 ℃环境下干燥。研细后全部转入滤纸筒，用蘸有乙醚的脱脂棉擦净所用器皿，并将棉花也放入滤纸筒。

2. 索氏提取器的清洗

将索氏提取器各部位充分洗涤并用蒸馏水清洗后烘干。脂肪烧瓶在 103±2 ℃的烘箱内干燥至恒重（前后两次称量差不超过 2 mg）。

3. 样品测定

（1）将滤纸筒放入索氏提取器的抽提筒，连接已干燥至恒重的脂肪烧瓶，由抽提器冷凝管上端加入乙醚或石油醚至瓶内容积的 2/3 处，通入冷凝水，将底瓶浸没在水浴中加热，用一小团脱脂棉轻轻塞入冷凝管上口。

（2）抽提温度的控制：水浴温度应控制在使提取液在每 6～8 min 回流一次为宜。

（3）抽提时间的控制：抽提时间视试样中粗脂肪含量而定，一般样品提取 6～12 h，坚果样品提取约 16 h。提取结束时，用毛玻璃板接取一滴提取液，如无油斑则表明提取完毕。

（4）提取完毕。取下脂肪烧瓶，回收乙醚或石油醚。待烧瓶内乙醚仅剩下 1～2 mL 时，在水浴上赶尽残留的溶剂，于 95～105 ℃ 环境下干燥 2 h 后，置于干燥器中冷却至室温，称量。继续干燥 30 min 后冷却称量，反复干燥至恒重（前后两次称量差不超过 2 mg）。

十一、固相萃取法

固相萃取（solid phase extraction，SPE）是从 20 世纪 80 年代中期开始发展起来的一项样品前处理技术，由液固萃取和液相色谱技术相结合发展而来。其主要目的是降低样品基质干扰，提高检测灵敏度。

固相萃取法广泛地应用在医药、食品、环保、商检、农药残留等领域。

（一）固相萃取的基本原理和方法

固相萃取的基本原理：SPE 技术基于液-固相色谱理论，采用选择性吸附、选择性洗脱的方式对样品进行富集、分离、纯化，是一种包括液相和固相的物理萃取过程，也可以将其近似地看作一种简单的色谱过程。

固相萃取常用的方法是使液体样品通过一种吸附剂，保留其中被测物质，再选用适当强度溶剂冲去杂质，然后用少量良溶剂洗脱被测物质，从而达到快速分离净化与浓缩的目的。也可选择性吸附干扰杂质，而让被测物质流出；或同时吸附杂质和被测物质，再使用合适的溶剂选择性洗脱被测物质。

（二）固相萃取的优点

（1）简单、快速。简化了样品预处理操作步骤，缩短了预处理时间。

（2）处理过的样品易于保存、运输，便于试验室之间进行质控。

（3）可选择不同类型的吸附剂和有机溶剂用以处理各种不同类型的有机污染物。

（4）不出现乳化现象，提高了分离效率。

（5）仅用少量的有机溶剂，降低了成本。

（6）易于与其他仪器联用，实现自动化在线分析。

SPE 也是一个柱色谱分离过程，分离机理、固定相和溶剂的选择等方面与高效液相色谱（HPLC）有许多相似之处。

但是 SPE 柱的填料粒径（>40 μm）要比 HPLC 填料（3～10 μm）大。由于短的柱床和大的粒径，SPE 柱效比 HPLC 色谱柱低得多。因此，用 SPE 只能分开保留性质有很大差别的化合物。

与 HPLC 的另一个差别是 SPE 柱是一次性使用的。两者相比见表 4-1。

表 4-1　HPLC 与 SPE 比较

项目	HPLC	SPE
硬件	不锈钢柱	塑料柱
颗粒度/μm	5	40
颗粒形状	球形	无定形
塔板数/柱	20～25 000	<100
分离机理	连续洗脱	"数字式"开关洗脱
操作成本	中至高	低
设备成本	高	低
分离模式	多种	多种
操作	可重复使用	一次性

（三）固相萃取的分类

固相萃取填料按保留机理可分为以下四类。

（1）正相：Silica、NH_2、CN、Diol、Florisil、Alumina。

（2）反相：C_{18}、C_8、Ph、C_4、NH_2、CN、PEP、PS 等

（3）离子交换：SCX、SAX、COOH、NH_2 等。

（4）混合型：PCX、PAX、C_8/SCX 等。

固相萃取按填料类型可分为以下四类。

（1）键合硅胶：C_{18}（封端）、C_{18}-N（末端）、C_8、CN、NH_2、PSA、SAX、COOH、PRS、SCX、Silica、Diol。

在 SPE 中最常用的吸附剂是硅胶或键合相的硅胶，即在硅胶表面的硅醇基团上键合不同的官能团。其 pH 适用范围为 2～8。键合硅胶基质的填料种类较多，具有多选择性的优点。

（2）高分子聚合物：PEP、PAX、PCX、PS、HXN。

（3）吸附型填料：Florisil（硅酸镁）、PestiCarb（石墨化碳）、氧化铝（Alumina-N 中性、Alumina-A 酸性、Alumina-B 碱性）。

（4）混合型及专用柱系列：PestiCarb/NH_2、SUL-5（磺胺专用柱）、HXN（磺酰脲除草剂专用柱）、DNPH-Silica（空气中醛酮类化合物检测专用柱）。

（四）固相萃取装置及基本操作步骤

1. 关于固相萃取柱

常见的固相萃取柱分为三部分：医用聚丙烯柱管、多孔聚丙烯筛板（20 μm）和填料（多为 40～60 μm、80～100 μm）。常用规格：100 mg/mL、200 mg/（3 mL）、500 mg/（3 mL）、1 g/（6 mL）等。

以 100 mg/mL 为例，其中 100 mg 为填料的质量，1 mL 是空柱管的体积。为避免交叉污染，保证检测可靠性，SPE 柱通常是一次性使用的。针对填料保留机理的不同（填料保留

目标化合物或保留杂质），操作稍有不同。

2. 固相萃取的一般操作步骤

(1)填料保留目标化合物。固相萃取操作一般有以下四步(图4-9)。

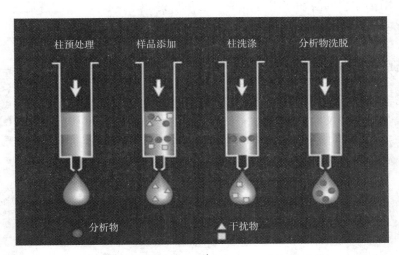

图4-9　固相萃取操作步骤(填料保留目标化合物)

1)活化：除去柱内的杂质并创造一定的溶剂环境(注意整个过程不要使柱干涸)。

2)上样：将样品用一定的溶剂溶解，转移入柱并使组分保留在柱上(注意流速不要过快，以 1 mL/min 为宜，最大不超过 5 mL/min)。

3)淋洗：最大限度地除去干扰物(建议此过程结束后把柱完全抽干)。

4)洗脱：用小体积的溶剂将被测物质洗脱下来并收集(注意流速不要过快，以 1 mL/min 为宜)。

(2)填料保留杂质。固相萃取操作一般有以下三步(图4-10)。

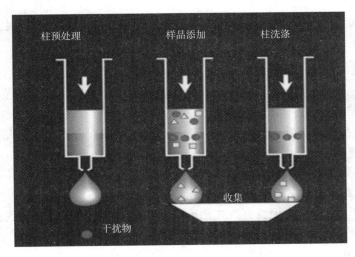

图4-10　固相萃取操作步骤(填料保留杂质)

1)活化：除去柱内的杂质并创造一定的溶剂环境(注意整个过程不要使柱干涸)。

2)上样：将样品转移入柱，此时大部分目标化合物会随样品基液流出，杂质被保留在柱上，故在此步骤要开始收集(注意流速不要过快)。

3)洗脱：用小体积的溶剂将组分淋洗下来并收集，合并收集液(注意流速不要过快)。此种情况多用于食品或农残分析中色素的去除。

十二、旋涡振荡器的使用

旋涡振荡器(旋涡混匀器)是一种通过高速旋转引起的振荡作用，使容器中样品混合的小型仪器，作生物、生化、细胞、菌种等各种样品振荡培养之用。旋涡混匀器用于试管、离心管、比色管中少量样品的混合。不同的旋涡振荡器如图4-11所示。

动画：旋涡振荡器

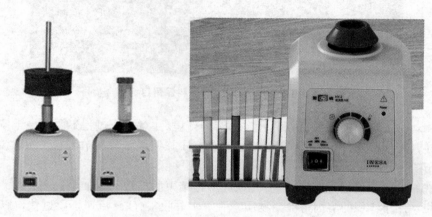

图4-11　不同类型的旋涡振荡器

(一)工作原理

旋涡振荡器是利用偏心旋转使试管等容器中的液体发生涡流，从而达到使溶液充分混合的目的。

(二)特点

(1)多功能性：各种形状、尺寸和材料的附件提供了一个广泛的应用范围，适合各种试管与容器，无论自动还是手动的混合方式。

(2)自动与点振混合方式：三点开关可选择自动或点振混合方式。自动混合方式可提高工作效率。

(3)稳定性：足够质量的整体金属外壳，为各种混合提供了稳定的操作平台。

(4)无与伦比的可靠性：多年在试验室验证的性能。

(5)计时功能：自动与点振混合方式均可选择计时功能。点振混合方式：1~60 s。自动混合方式：1~60 min或连续运转。

(三)操作步骤

(1)仪器使用前，打开电源开关，先将速度调到最小，设置好时间。

（2）装容器瓶时，为了使仪器工作时平衡性能好，避免产生较大振动，装瓶时应将所有试瓶分布均匀，各瓶的溶液应大致相等。若容器瓶数量不足，可将试瓶对称放置或装入其他等量溶液的试瓶布满空位。

（3）接通电源，打开电源开关，指示灯亮，设置所需的转速，升至所需速度。

（四）注意事项

（1）使用环境要求：工作台面要牢固平整洁净；环境中无腐性气体存在；要保持通风环境良好。

（2）使用设备之前请先做好检查工作。

（3）容器中液体不能盛得太满，以防溅出。

（4）手指握住器皿特别是试管的位置应低于管口部，以防液体溅出。

（5）使用完毕后，如果有液体洒出，要用干布擦净。在混匀样品时，不要使劲，稍微用力即可。

十三、往返式振荡器的使用

往返式振荡器是一种通过往返运动引起的振荡作用，使容器中样品混合的小型仪器，是一种培养制备生物样品的生化仪器，是植物、生物、微生物、生物制品、遗传、病毒、医学、环保等科研、教育和生产部门不可缺少的试验设备。不同类型的往返式振荡器如图 4-12 所示。

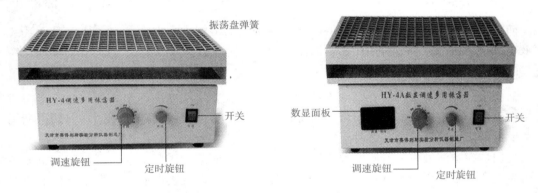

图 4-12　不同类型的往返式振荡器

（一）工作原理

往返式振荡器是利用往返运动使样品瓶等容器中的液体发生振荡，从而达到使溶液充分混合的目的。

（二）特点

（1）万能弹簧试瓶架特别适合做多种对比试验的生物样品的培养制备。

（2）设有机械定时。

（3）无级调速，操作简便安全。

（三）操作步骤

（1）仪器应放置在较牢固的工作台上，环境应清洁整齐，温度适中，通风良好。

（2）装培养试瓶，为了使仪器工作时平衡性能好，避免产生较大的振动，装瓶时应将所有试瓶位布满，各瓶的液体应大致相等。若培养试瓶数量不足，可将试瓶对称放置或装入其他等量溶液的试瓶布满空位。

（3）选择定时，将定时器旋钮调至"定时"或"常开"位置。

（4）接通外电源，将电源开关置于"开"的位置，指示灯亮。缓慢调节速度旋钮，升至所需转速。

（5）每次停机前，必须将调速旋钮置于最小位置，再将定时器置"零"，关电源开关、切断电源。

（四）注意事项

（1）使用环境要求：工作台面要牢固平整、洁净；环境中无腐蚀性气体存在；要保持通风环境良好。

（2）使用设备之前请先做好检查工作。

（3）容器中液体不能盛得太满，以防溅出。

（4）使用仪器前，先将调速旋钮置于最小位置。

（5）仪器在连续工作期间，每3个月应做一次定期检查：检查是否有水滴、污物等落入电动机和控制元件上；检查保险丝、控制元件及紧固螺钉。

十四、盐析法

向溶液中加入某种无机盐，使溶质在原溶剂中的溶解度大大降低，而从溶液中沉淀析出，这种方法叫作盐析法。

视频：盐析法

（一）盐析法的原理

盐析法的原理是蛋白质在高浓度盐的溶液中，随着盐浓度的逐渐增加，由于蛋白质水化膜被破坏、溶解度下降而从溶液中沉淀出来。各种蛋白质的溶解度不同，因而可利用不同浓度的盐溶液来沉淀分离各种蛋白质。

蛋白质在水溶液中的溶解度取决于蛋白质分子表面离子周围的水分子数目，也即主要是由蛋白质分子外周亲水基团与水形成水化膜的程度，以及蛋白质分子带有电荷的情况决定的。蛋白质溶液中加入中性盐后，由于中性盐与水分子的亲和力大于蛋白质，致使蛋白质分子周围的水化层减弱乃至消失。同时，中性盐加入蛋白质溶液后由于离子强度发生改变，蛋白质表面的电荷大量被中和，更加导致蛋白质溶解度降低，使蛋白质分子之间聚集而沉淀。

各种蛋白质在不同盐浓度中的溶解度不同，不同饱和度的盐溶液沉淀的蛋白质不同，从而使之从其他蛋白质中分离出来。简单来说就是将硫酸铵、硫化钠或氯化钠等加入蛋白质溶液，使蛋白质表面电荷被中和及水化膜被破坏，导致蛋白质在水溶液中的稳定性因素去除而沉淀。

（二）影响盐析的因素

1. 蛋白质浓度

若蛋白质浓度过高，会发生严重的共沉淀作用，高浓度蛋白质溶液可以节约盐的用量；在低浓度蛋白质溶液中盐析，所用的盐量较多，而共沉淀作用比较少，因此需要在两者之间进行适当选择。用于分步分离提纯时，宁可选择稀一些的蛋白质溶液，多加一点中性盐，使共沉淀作用减至最低限度。一般认为 2.5%～3.0% 的蛋白质浓度比较适中。

2. 离子强度和类型

一般来说，离子强度越大，蛋白质的溶解度越低。在进行分离的时候，一般从低离子强度到高离子强度依次进行。每一组分被盐析出来后，经过过滤或冷冻离心收集，再在溶液中逐渐提高中性盐的饱和度，使另一种蛋白质组分盐析出来。离子种类对蛋白质溶解度也有一定影响，离子半径小而电荷很高的离子在盐析方面影响较强，离子半径大而低电荷的离子的影响较弱，下面为几种盐的盐析能力的排列次序：磷酸钾＞硫酸钠＞磷酸铵＞柠檬酸钠＞硫酸镁。

3. pH 值

一般来说，蛋白质所带净电荷越多溶解度越大，净电荷越少溶解度越小，在等电点时蛋白质溶解度最小。为提高盐析效率，多将溶液 pH 值调到目的蛋白的等电点处。但必须注意在水中或稀盐液中的蛋白质等电点与高盐浓度下所测的结果是不同的。需根据实际情况调整溶液的 pH 值，以达到最好的盐析效果。

4. 温度

在低离子强度或纯水中，蛋白质溶解度在一定范围内随温度增加而增加。但在高浓度下，蛋白质、酶和多肽类物质的溶解度随温度上升而下降。在一般情况下，蛋白质对盐析温度无特殊要求，可在室温下进行，只有某些对温度比较敏感的酶要求在 0～4 ℃ 进行。

5. 脱盐

蛋白质用盐析法分离沉淀后，常需脱盐才能获得纯品。脱盐最常用的方法是透析法。透析法所需时间较长，常在低温下进行并加入防腐剂避免微生物污染。透析使用前必须处理，方法是将透析袋置于 0.5 mol/L EDTA 溶液中煮 0.5 h，弃去溶液，用蒸馏水洗净，置于 50% 甘油中保存备用。也可用分子筛层析，常用 SephadexG-25 柱层析法，上样不要超过床体积的 20%。此外，有些金属离子能和蛋白质形成较为专一的结合而使蛋白质沉淀。这虽不是典型的盐析，但在制备蛋白质中有许多成功的例子。锌离子在特定 pH 值下与胰岛素结合形成沉淀就是这种例子。蛋白质从悬浮液中沉淀出来的速度极慢，必须用强力离心来促进这个过程。

(三)硫酸铵的使用

硫酸铵中常含有少量的重金属离子，对蛋白质巯基有敏感作用，使用前必须用 H_2S 处理，将硫酸铵配成浓溶液，通入 H_2S 饱和，放置过夜，用滤纸除去重金属离子，浓缩结晶，100 ℃ 烘干后使用。另外，高浓度的硫酸铵溶液一般呈酸性(pH=5.0 左右)，使用前也需要用氨水或硫酸调节至所需 pH 值。

1. 硫酸铵的加入方法

(1)加入固体盐法：用于要求饱和度较高而不增大溶液体积的情况。

(2)加入饱和溶液法：用于要求饱和度不高而原来溶液体积不大的情况。

(3)透析平衡法：先将盐析的样品装于透析袋中，然后浸入饱和硫酸铵中进行透析，透析袋内硫酸铵饱和度逐渐提高，达到设定浓度后，目的蛋白析出，停止透析。该法优点在于硫酸铵浓度变化有连续性，盐析效果好，但手续繁琐，需不断测量饱和度，故多用于结晶，其他情况少见。

2. 使用固体硫酸铵的注意事项

（1）必须注意饱和度表中规定的温度，一般有 0 ℃或室温两种，加入固体盐后体积的变化已考虑在内。

（2）分段盐析中，应考虑每次分段后蛋白质浓度的变化。一种蛋白质如经二次透析，一般来说，第一次盐析分离范围（饱和度范围）比较宽，第二次分离范围较窄。

（3）盐析后，一般放置 0.5～1 h，待沉淀完全后才能过滤或离心。过滤多用于高浓度硫酸铵溶液，因为此种情况下，硫酸铵密度较大，若用离心法需要较高离心速度和长时间的离心操作，耗时耗能。离心多用于低浓度硫酸铵溶液。

十五、化学分离法

视频：化学分离法　动画：化学分离法

(一)磺化法

在非水溶性组分的测定中，脂类常常是主要的干扰成分，如果待测组分对酸稳定，可采用磺化法将溶液中的脂类除去。

利用脂肪、色素等杂质分子中含有的双键、羟基等与硫酸作用形成极性很大的易溶于水的加成物，与待测成分分离。此法具有操作简便、迅速、回收率在 90% 以上等优点。但是，此法只适用于对浓硫酸较稳定的待测组分提取液净化处理，如有机氯农药提取液，而易为硫酸分解的有机磷类农药、氨基甲酸酯类农药等，能溶于浓硫酸的苯并[a]芘等都不能用此法进行净化。

(二)皂化法

一些对稳定的物质，如苯并[a]芘、艾氏剂、狄氏剂，可采用氢氧化钾加热回流提取，使脂肪皂化而去除，以达到净化的目的。

(三)掩蔽法

掩蔽法主要用于分离有害元素时，对消化后的试样溶液净化处理。经消化后的样品溶液中常有多种有害金属元素混合存在，其他金属元素的存在往往对于待测定的有害元素有干扰，为了消除这些元素的干扰，常采用加入一种络合配位体和控制溶液的 pH 值，以使干扰的元素离子被束缚起来或掩蔽起来，从而消除干扰。运用掩蔽方法，可以不必经过分离干扰元素的操作而达到消除干扰的作用，既简化了分析操作，又能提高方法的选择性和准确性。

1. 控制溶液的 pH 值

在测定铅、汞、镉等有害金属元素时，常应用双硫腙与之络合显色，然后比色测定。但双硫腙能与 20 多种金属元素络合生成有色络合物，它是一种非专用显色剂。利用各种金属元素与双硫腙形成络合物的稳定程度不同，随溶液的 pH 值变化而异。例如，溶液 pH 值在 2 以下时，双硫腙与汞形成稳定的橙色络合物；pH 值在 3～4 时与铜生成稳定的红紫色络合物；pH 值在 8～9 时与铅、镉生成稳定的红色络合物……而其他一些金属元素在此 pH 值条件下与双硫腙反应受到了阻止，因此，可根据被测金属元素与双硫络合时所需 pH 值，向溶液中加入酸或碱调节至所需的 pH 值，而将其他元素掩蔽，利用被测定金属元素与双硫腙反应的络合物易溶于三氯甲烷、四氯化碳等有机溶剂，而未络合的金属离子易溶于水的特性，将干扰元素分离除去，并可起到富集待测元素的作用。

2. 使用掩蔽剂

在溶液中加入一种络合配位体，以使干扰的金属离子被束缚住或掩蔽起来，从而消除了干扰。例如测定铅时，在溶液中加入氨水，调节 pH 值至 8～9，然后加入掩蔽剂——氰化钾，与铜、锌、镍、钴、金、汞等金属离子络合为另一种稳定形式(配位络合物)，为无色络合物，因而干扰金属离子与双硫腙的络合反应受到了阻止。干扰金属离子虽然没有分离除去，但是离子浓度显著减少，不会产生干扰，因此，便可在不分离铜、锌、镍等金属离子的情况下，加入双硫腙形成红色络合物，经分光光度计测定吸光度，测定试样中铅的含量。

应当注意的是，掩蔽剂不是在任何条件下对所有干扰金属离子都可掩蔽，能否掩蔽及掩蔽程度，取决于该测定条件下干扰元素与掩蔽剂所形成络合物的稳定性和掩蔽剂的浓度。此外，掩蔽剂氰化钾是剧毒物质，使用时应注意安全，应使用专用移液管和洗耳球移取，勿使之接触人体，如接触了氰化钾溶液，可用 1% 铁矾溶液消毒处理，然后倒入废液，试验结束后所用仪器和容器也应用铁矾溶液消毒。

另外，样液的净化处理方法还有低温冷冻法、吹扫共蒸馏法等。低温冷冻法是将丙酮提取液置于 −70 ℃ 环境中，使样液中脂肪、蜡质在低温下沉淀析出而除去。此法简单有效，但需要冷冻设备。吹扫共蒸馏法，常用于农药测定的净化。该法净化效果好，速度快，可在 2.5 h 内净化 20 份样品溶液，但也需要特殊的仪器设备。

十六、色层分离法

(一)色层分离法的产生和发展

视频：色层分离法

色层分离法，又称色谱法、层法、层析法等。色谱法是利用不同溶质(样品)与固定相和流动相的作用力(分配、吸附、离子交换等)的差别，当两相做相对移动时，各溶质在两相之间进行多次平衡，使各溶质达到互相分离，属于传质分离过程。

色谱法是 1906 年由俄罗斯植物学家米哈伊尔·塞米约诺维奇·茨维特首先提出的，百年来，经过色谱工作者的努力，色谱法获得了快速的发展，色谱分离不仅利用管柱，而且可以在平面的滤纸和薄层上展开，流动相也不仅限于液体，气体也被用作流动相；用作色谱的固定相，由最初的少数几种吸附剂，如今已扩展到千种以上，液体也被用作固定相；至于分离后物质的检测，已由靠肉眼观察发展到选择性好、灵敏度高的检测器来担任，检测器很方便地把柱流出物的有关浓度信号、质量信号转变为电信号，由记录器记录或计算机和色谱软件进行定性、定量分析，使分离的对象已不限于有色物质，因而大大扩展了色谱法的应用范围，色谱法已成为现代分析中的一种重要分析方法。

(二)色谱法分离的原理

实现色谱法分离的先决条件是必须有固定相和流动相。利用不同组分，在两相中具有不同的分配系数，当两相做相对运动时，这些组分又在两项中反复多次分配，这样就使那些在同一固定相上分配系数只有微小差别的组分，在固定相上的移动速度发生了很大的差别，从而达到各组分的完全分离。

（三）色谱的分类

（1）按两相状态分类：以流动相状态为标准划分类型。用气体作为流动相的色谱法称为气相色谱法（GC）；用液体作为流动相的色谱法称为液相色谱法（LC）。

（2）按样品组分在两相之间的分离机理分类：利用组分在流动相和固定相之间的分离原理不同而命名的分类方法，包括吸附色谱法、分配色谱法、离子交换色谱法、凝胶色谱法、离子色谱法和超临界流体色谱法等方法。

1）吸附色谱法。用固定吸附剂做固定相，利用吸附剂对样品各组分的吸附力的差异进行分离。

2）分配色谱法。用溶液做固定相，利用样品各组分在两相间分配系数不同进行分离。

3）离子交换色谱法。用离子交换树脂做固定相，利用不同组分的离子交换能力不同来进行分离。

4）凝胶色谱法。用化学惰性的多孔性物质做固定相，利用不同组分的分子大小不同进行分离。

5）离子色谱法。它是高效液相色谱（HPLC）的一种，是分析阴离子和阳离子的一种液相色谱方法。用高效微粒离子交换剂做固定相，以具有一定 pH 值的缓冲溶液做流动相，依据离子型化合物中各离子组分与离子交换剂上表面带电荷基团进行可逆性离子交换能力的差别而实现分离。

6）超临界流体色谱法。组分在采用经临界温度及临界压力以上高度压缩的气体的流动相和固定相之间发生吸附和脱附，从而进行分离。

（3）按色谱技术分类：为提高组分的分离效能和高选择性，采取了许多技术措施，根据这些色谱技术的性质不同而形成的色谱分类法。例如，程序升温气相色谱法、反应气相色谱法、裂解气相色谱法、顶空气相色谱法、毛细管气相色谱法、多维气相色谱法、制备色谱法七种方法。

（4）按固定相存在形态分类：根据固定相在色谱分离系统中存在的形状，可分为柱色谱法（其中又含填充柱色谱法和开管柱色谱法）、平面色谱法（其中又含纸色谱法和薄层色谱法）等。

视频：浓缩法

十七、浓缩法

经提取、净化后所得溶液的体积通常都比较大，当样品中待测定组分含量较低，尤其是痕量组分测定时，常常需要对提取液或净化液进行浓缩，以满足测定方法灵敏度的要求。存在于食品中的有些待测组分的性质不稳定，因此，在浓缩过程中还应注意防止待测成分的氧化分解，在不稳定的待测组分浓缩时应尽可能避免蒸干，因为在浓缩近干的情况下，更容易发生氧化、分解，因而需要在氮气流的保护下进行浓缩。常用的浓缩方法有如下几种。

（一）空气、气体浓缩法

空气、气体浓缩法常用于样液体积小、溶剂沸点低时样品溶液的浓缩。操作时将氮气吹入盛装样品溶液的容器，对着液面吹气，使溶剂蒸发。对于蒸汽压较高的农药，需在热水浴中加热促使溶剂蒸发，操作时水浴温度必须控制在 50 ℃ 以下，最后残留的溶剂只能在室温下用缓和的氮气流除去，以免造成农药的损失。

(二)K-D浓缩器浓缩法

K-D浓缩器是一种专用全玻璃磨口减压浓缩装置,可以在通氮气流的条件下进行浓缩。这种浓缩装置具有浓缩过程温度低、迅速、损失少,容易控制浓缩至所需的体积。该法特别适用于对热不稳定的农药残留量分析中样品溶液的浓缩。

1. 构造

K-D浓缩器由承接器、抽气管、冷凝器、分馏柱(斯奈德柱)、K-D瓶、尾管、导气管等部件组成,各部位之间通过磨口连接。

(1)导气管。在减压浓缩时将惰性气体(如氮气、二氧化碳)或小空气泡导入溶液,使溶液均匀,勿沸腾,防止溶液爆沸和待测组分氧化损失,并在浓缩至接近所需体积时,在离液面2 cm处,对着液面吹气,赶走多余的溶剂,至所需的体积。

(2)尾管。盛装浓缩液,下部有刻度(分刻度一般为0.1 mL),便于将溶液浓缩至所需体积,并附有磨口塞,浓缩后可加塞保存,避免体积发生变化。

(3)分馏柱(斯奈德柱)。分馏柱可提高蒸馏的效率,增加液体和蒸气之间的接触,当蒸气在柱中上升时,与柱接触的蒸气中一些沸点较高的溶剂蒸气被冷凝下来,并从柱中流下,于是发生了平衡,结果使难挥发的组分得到了富集。被冷凝下来的溶剂将附着在K-D瓶壁上的被测物质冲洗下来至尾管中,避免因瓶壁吸附而造成的损失,并可将溶剂从大量样液中浓缩分离。

2. 操作

将样品溶液倒入(不得超过K-D瓶体积),插入导气管,加热水浴至所需温度,减压浓缩,当浓缩接近所需体积时,旋转导气管上端橡皮管上的螺旋夹,调节进入尾管的氮气或空气量,吹去多余的溶剂至所需的体积。将导气管上的螺旋夹完全旋开,关闭抽气泵,拆去水浴,取下尾管,塞好尾管塞备用。

(三)旋转蒸发器浓缩法

旋转蒸发器通过电子控制,使烧瓶在适宜的速度下恒速旋转以增大蒸发面积。浓缩时可通过真空泵使蒸发烧瓶处于负压状态。

动画:旋转蒸发仪

蒸发烧瓶在旋转的同时置于水浴锅中或油浴中加热,蒸发烧瓶内的溶液黏附在内壁形成一层薄的液膜,进行扩散,增大了热交换面积;又由于在负压下浓缩,溶剂的沸点降低,相对挥发度增加,蒸发效率较一般蒸发装置成倍提高。并且还可以防止溶液爆沸,被测组分氧化分解。蒸发的溶剂在冷凝管中被冷凝,回流至溶剂接收瓶,使回收溶剂十分方便。

任务实施

猪肉中兽药残留的抽样

1. 食品预处理的要求

序号	步骤	任务内容
1	确定食品的品种	猪肉属于( )类别
2	确定样品待制备的部分	不同类别的动物源食品选取不同的部位,猪肉选取( )进行制备

续表

序号	步骤	任务内容
3	确定制样的方法和数量	动物源食品制备的方法有（　　　　　），兽残样品制备数量一般为（　　　　）
4	确定样品分装的件数和样品保存的方法	样品分为备样和（　　　　），兽残样品的保存条件为（　　　　）

2. 食品预处理的流程

序号	步骤	任务内容
1	确定制样方法	猪肉取（　　　）部分进行制样
2	进行样品制备、分装	猪肉采用（　　　　　　　）方法进行制样，共制备（　　　　）g样品，样品分装（　　　）份
3	制完样品进行保存	于（　　　　）条件保存

综合实训　食品样品预处理

一、样品预处理

1. 试验目的

（1）掌握凯氏定氮法测定蛋白质含量的原理和预处理方法。

（2）掌握凯氏定氮法的预处理操作技术。

视频：样品预处理综合实训

2. 试验原理

天然有机物的含氮量常用微量凯氏定氮法来测定。生物材料的含氮化合物分析测定主要是指蛋白质，核酸的含量通常是用定磷法或别的方法测定。蛋白质的含氮量接近恒定，为 $15\%\sim16\%$。

凯氏定氮法首先将含氮有机物与浓硫酸共热，经一系列的分解、碳化和氧化还原反应等复杂过程，最后有机氮转变为无机氮硫酸铵，这一过程称为有机物的消化。为了加速和完全有机物质的分解，缩短消化时间，在消化时通常加入硫酸钾、硫酸铜、过氧化氢等试剂，加入硫酸钾可以提高消化液的沸点而加快有机物分解，硫酸铜起催化剂的作用。使用时常加入少量过氧化氢作为氧化剂以加速有机物氧化。消化完成后，将消化液转入凯氏定氮仪反应室，加入过量的浓氢氧化钠，将 NH_4^+ 转变成 NH_3，通过蒸馏把 NH_3 驱入过量的硼酸溶液接收瓶，硼酸接收氨后，形成四硼酸铵，然后用标准盐酸滴定，直到硼酸溶液恢复原来的氢离子浓度。滴定消耗的标准盐酸摩尔数即 NH_3 的摩尔数，通过计算即可得出总氮量。在滴定过程中，滴定终点采用甲基红-次甲基蓝混合指示剂颜色变化来判定。测定出的含氮量是样品的总氮量，其中包括有机氮和无机氮。以甘氨酸为例，其反应式如下：

$$CH_2-COOH+3H_2SO_4 \longrightarrow 2CO_2+3SO_2+4H_2O+NH_3 \qquad (1)$$
$$|$$
$$NH_2$$

$$2NH_3+H_2SO_4 \longrightarrow (NH_4)_2SO_4 \qquad (2)$$
$$(NH_4)_2SO_4+2NaOH \longrightarrow 2H_2O+Na_2SO_4+2NH_3\uparrow \qquad (3)$$
$$3NH_3+H_3BO_3 \longrightarrow (NH_4)_3BO_3$$
$$(NH_4)_3BO_3+3HCl \longrightarrow H_3BO_3+3NH_4Cl$$

反应(1)、(2)在凯氏烧瓶内完成，反应(3)在凯氏蒸馏烧瓶中进行。

蛋白质是一类复杂的含氮化合物，每种蛋白质都有其恒定的含氮量(14%～18%，平均为16%)。凯氏定氮法测定出的含氮量，再乘以系数6.25，即蛋白质含量。

3. 试验器材

(1)牛奶。　　　　　(2)凯氏定氮仪。　　　　(3)电炉。

(4)消化架。　　　　(5)锥形瓶100 mL(×5)。　(6)量筒10 mL(×1)。

(7)滴定管(5 mL，可读至0.02 mL)。　　　　　(8)凯氏烧瓶(×2)。

(9)玻璃珠。　　　　(10)吸耳球。　　　　　　(11)移液管(2 mL、5 mL、10 mL×1)。

4. 试验试剂

(1)含蛋白质样品。

(2)浓硫酸(A. R.)。

(3)硫酸钾-硫酸铜混合物：硫酸钾3份与硫酸铜1份混合研磨成粉末。

(4)30%氢氧化钠溶液：30 g氢氧化钠溶于蒸馏水，稀释至100 mL。

(5)2%硼酸溶液：2 g硼酸溶于蒸馏水，稀释至100 mL。

(6)混合指示剂：0.1%甲基红乙醇溶液和0.1%甲烯蓝乙醇溶液按体积比4∶1混合。

(7)0.009 63 mol/L标准盐酸溶液：用恒沸盐酸准确稀释标定。

5. 试验操作

(1)样品的消化。将两个50 mL的凯氏定氮烧瓶编号(在烧瓶口附近)：一只烧瓶内加1.0 mL蒸馏水，作为空白；另一只烧瓶内加入1.0 mL样液(牛奶液)。然后用取样器各加浓硫酸4 mL(取浓硫酸时勿溅到衣物和皮肤上，也不要洒到实验桌上)，用药勺加硫酸钾-硫酸铜混合物约200 mg(不必称重，一点点即可)，所有试剂要尽量加到凯氏定氮烧瓶的底部。烧瓶口插上小漏斗(做冷凝用)，烧瓶置通风橱内的电炉上加热消化，注意先启动抽风机，在消化开始时应控制火力，不要使沸液冲到瓶颈。待瓶内水汽蒸完，硫酸开始分解并放出SO₂白烟后，适当加强火力，继续消化，直至消化液呈透明蓝绿色为止。消化时间为2～3 h，冷却，准备蒸馏。在消化时可以同时进行第二步。

(2)定氮仪的洗涤。凯氏定氮仪装置如图4-13所示，仪器应先经一般洗涤，再经水蒸气洗涤。

蒸气发生器中装有H₂SO₄的蒸馏水和数粒沸石，加甲基橙指示剂后显粉红色。加热后，产生的蒸气经储液管、反应室至冷凝管，冷凝液体流入接收锥形瓶。每次使用前，需用水蒸气洗涤5 min左右(此时可用一小烧杯承接冷凝水)。将一只盛有5 mL 2%硼酸液和1～2滴混合指示剂的锥形瓶置于冷凝管下端，使冷凝管管口插入液体，继续蒸馏3 min，若硼酸液颜色不变，表明仪器已洗净。若硼酸液颜色变为淡绿色，说明定氮仪内有残留氨，需要进一步用水蒸气洗涤。若反应室内有上次操作剩余的残液，可以通过向反应室加冷的蒸馏水，然后短时间关闭橡皮管，则残液会倒吸回储液管，重复几次，并用水蒸气洗涤几分钟，再用上述方法检验是否已经洗干净。打开废液排出管的夹子可以将废液排出。

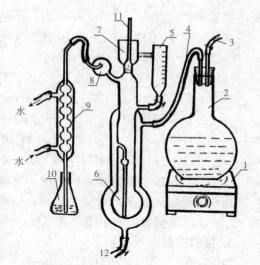

图 4-13　凯氏定氮仪装置
1—电炉；2—蒸气发生烧瓶；3—玻璃管；
4—橡皮管；5—储液管；6—反应室；7—玻璃杯；
8—气水分离器；9—冷凝管；10—锥形瓶；
11—棒状玻璃塞；12—废液排出管

（3）标准品练习（标准硫酸铵溶液，含氮量 0.3 mg/mL）。仪器洗好后，取一 100 mL 锥形瓶，加入 5 mL 硼酸溶液，并使冷凝管下端玻璃管插入硼酸溶液。取下棒状玻璃塞，利用 2 mL 移液管准确向反应室加入 2 mL 硫酸铵溶液，然后将玻璃塞放回，向玻璃杯中加入 10 mL 30% NaOH 溶液，旋转棒状玻璃塞，将氢氧化钠溶液缓慢地放入反应室，并留少量液体做水封。等到锥形瓶内的硼酸溶液由紫红色变为鲜绿色后开始计时，继续蒸馏 3 min，然后移动锥形瓶使液面离开冷凝管口约 1 cm，继续蒸馏 1 min。并用少量蒸馏水洗涤冷凝口外围，移去锥形瓶。立即用标准盐酸溶液进行滴定，如果用滴定结果计算出的标准硫酸铵中氮含量接近 0.3 mg/mL。则说明整个试验操作正确，可以进行下一步。

（4）样品测定。仪器洗好后，取一 100 mL 锥形瓶，加入 5 mL 硼酸溶液，并使冷凝管下端玻璃管插入硼酸溶液。取下棒状玻璃塞，利用 2 mL 移液管准确向反应室加入 2 mL 消化好的样品溶液，然后将玻璃塞放回，向玻璃杯中加入 10 mL 30% NaOH 溶液，旋转棒状玻璃塞，将氢氧化钠溶液缓慢地放入反应室，并留少量液体做水封。等到锥形瓶内的硼酸溶液由紫红色变为鲜绿色后开始计时，继续蒸馏 3 min，然后移动锥形瓶使液面离开冷凝管口约 1 cm，继续蒸馏 1 min。并用少量蒸馏水洗涤冷凝口外围，移去锥形瓶。立即用标准盐酸溶液进行滴定，按上述方法洗涤仪器准备下一次蒸馏。重复蒸馏并滴定三次。

将 2 mL 消化好的样品溶液改为 2 mL 消化后的空白对照溶液，其他操作同上，测量三组。三组空白测量中，若锥形瓶中的硼酸溶液不变色，则无须滴定。

6. 注意事项

（1）凯氏定氮法的优点是适用范围广，可用于动植物的各种组织、器官及食品等组分复杂样品的测定，只要细心操作，就能得到精确的结果。其缺点是操作比较复杂，含有大量碱性氨基酸的蛋白质测定结果偏高。

（2）普通试验室中的空气常含有少量的氨，会影响结果，所以操作应在单独洁净的房间中进行，并尽可能快地对硼酸吸收液进行滴定。

（3）定氮仪各连接处应使玻璃对玻璃外套橡皮管绝对不能漏气。蒸馏时需控制火力，以避免样液倒吸。

（4）消化时，若样品含糖或脂较多时，注意控制加热温度，以免大量泡沫喷出凯氏烧瓶，造成样品损失。可加入少量辛醇或液体石蜡，或硅消泡剂减少泡沫产生。

（5）消化时应注意旋转凯氏烧瓶，将附在瓶壁上的碳粒冲下，对样品彻底消化。若样品不易消化至澄清透明，可将凯氏烧瓶中溶液冷却，加入数滴过氧化氢后，再继续加热消化至完全。

（6）蒸馏时，加入的氢氧化钠溶液除与硫酸铵作用外，还与消化液中的硫酸和硫酸铜作用。若加入的氢氧化钠不够，则溶液呈蓝色，不生成褐色的氢氧化铜沉淀。所以，加入的氢氧化钠必须过量，并且动作要迅速，以防止氨的流失。

（7）蒸气发生瓶内的水装至 2/3 体积并且保持酸性（在蒸气发生瓶内的水中加入稀硫酸，使之呈酸性，内加甲基橙指示剂数滴，水应呈橙红色，如变黄时，应该补加酸），以防止在碱性条件水中游离氨蒸出，使结果偏大。

（8）因蒸馏时反应至外层的气压大于反应室内的压力，而反应室的压力大于大气压力，故可将氨带出。所以，蒸馏时，蒸气要均匀、充足，蒸馏中不得停火断气，否则，会发生倒吸。停止蒸馏时，反应室外层的压力突然降低，可使液体倒吸入反应室外层，所以，操作时，应先将冷凝管下端提高液面并清洗管口，再蒸 1 min 后关掉热源。

7. 试验结果计算

$$m = \frac{C(A-B) \times 14.008 \times 100}{V}$$

式中 m——样品中的含氮的质量，即 100 mL 样品中含氮量（mg）；

       A——滴定样品消耗的 HCl 溶液体积（mL）；

       B——滴定空白消耗的 HCl 溶液体积（mL）；

       V——相当于未稀释样品的体积（mL）；

       C——盐酸物质的浓度（mol/L）；

       14.008——每摩尔氮原子质量（g/mol）；

       100——100 mL 样品。

8. 试验思考

（1）本试验中所用各种试剂的作用。

1）浓硫酸：氧化剂，将蛋白质分解成氨气和其他成分。

2）粉末硫酸钾-硫酸铜混合物（K_2SO_4：$CuSO_4 \cdot 5H_2O = 3:1$）：充当催化剂，硫酸钾可以提高消化液的沸点，硫酸铜作为催化反应的主要成分。

3）30% NaOH 溶液：碱化消化液，使硫酸铵分解释放出氨气，用于后续的滴定颜色反应。

4）0.010 mol/L 盐酸：滴定蒸馏液，定量分析。

（2）凯氏定氮法测定样品蛋白质含量时误差的主要来源及应注意事项。

凯氏定氮仪测定蛋白质含量的误差来源可能是样品、催化剂种类和用量、消化的时间、加碱液后的操作、蒸馏加热、清洗凯氏定氮仪的过程、凯氏定氮仪的气密性、氨气是否完全蒸馏出来、硼酸是否封住蒸馏管口、试剂的准确性、滴定终点的判断、滴定盐酸的浓度准确性等。

注意事项如下。

1）样品的取用量应适中，以免影响后续反应。

2)加入的催化剂硫酸钾和硫酸铜的配比适宜。

3)催化剂的添加量一定要准确，否则催化速度不一致，导致反应程度和挥发的氨不一样，误差大。

4)在消化过程中，消化的时间应该充分，确保消化完全，消化至溶液呈现透明的浅蓝色。

5)消化后要将液体充分冷却，定容到容量瓶中备用。

6)消化之前检查凯氏定氮仪的气密性良好，后用蒸馏水清洗凯氏定氮仪，要充分清洗。

7)在消化过程中，加碱液后要迅速关闭进样口，防止反应放出的氨气逸出。

8)在消化过程中，火焰的温度要适当，太小加热过慢，太大容易导致溶液暴沸甚至从进气口溢出。

二、茶叶中重金属含量的检测预处理

1. 试剂的配制

除另有规定外，本方法所使用试剂均为分析纯，水为双重蒸馏水。

(1)硝酸：优级纯。

(2)硝酸(1+1)：取 50 mL 硝酸慢慢加入 50 mL 水中。

(3)硝酸(1+19)：量取 5 mL 硝酸慢慢加入水中，加水稀释至 100 mL。

(4)硝酸(1+4)：量取 20 mL 硝酸慢慢加入水中，加水稀释至 100 mL。

(5)过氧化氢(30%)。

2. 仪器

所用玻璃仪器均用硝酸浸泡 24 h 以上，用双重蒸馏水反复冲洗，最后用双重蒸馏水冲洗晾干，方可使用。

(1)粉碎机。

(2)马弗炉。

(3)天平：感量为 0.1 mg。

(4)恒温干燥箱。

(5)压力消解罐。

(6)瓷坩埚。

3. 试样消解

(1)干法灰化：精密称取 1.000～5.000 g 试样(精确到 1 mg，根据铅含量确定)于坩埚中，先小火碳化至无烟，移入马弗炉 500 ℃ 灰化 4 h 时，放冷后加水少许，稍加热，然后加 2 mL 硝酸，小火加热溶解后，置冷用脱脂棉过滤移于 25 mL 容量瓶中，并少量多次用水清洗坩埚，定容稀释刻度，摇匀备用。取与样品相同量的试剂，按同一方法做试剂空白试验。

(2)压力消解罐消解法：精密称取 1.000～2.000 g 试样(精确到 1 mg，根据铅含量定或按压力消解罐使用说明书称样)于四氟乙烯罐内，加硝酸 5～10 mL 浸泡过夜。再加过氧化氢 10～20 mL(总量不能超过罐容积的 1/3)。盖好内盖，旋紧不锈钢外套，放入恒温干燥箱，120～140 ℃ 保持 3～4 h，在箱内自然冷却至室温，用 5% 硝酸洗入或过滤入 50 mL 容量瓶中，并少量多次洗涤罐，洗液合并于容量瓶中并定容至 50 mL 刻度，混匀备用。同时做试剂空白试验。

习 题 四

一、单项选择题

1. 食品样品预处理的主要目的是（　　）。

　A. 改变食品口感

　B. 提高食品营养价值

　C. 去除干扰物质，提高检测准确性

　D. 美化食品外观

2. 在选择食品样品预处理方法时，（　　）不是需要考虑的因素。

　A. 样品的性质

　B. 检测项目的需求

　C. 预处理方法的成本

　D. 预处理人员的个人喜好

3. 对于含有较多脂肪的食品样品，预处理时通常需要进行（　　）操作。

　A. 稀释　　　　　　B. 过滤　　　　　　C. 脱脂　　　　　　D. 干燥

4. （　　）可以用于去除食品样品中的色素。

　A. 稀释法　　　　　B. 沉淀法　　　　　C. 吸附法　　　　　D. 蒸馏法

5. 在预处理过程中，为什么要对样品进行破碎或均质化？（　　）

　A. 提高食品口感

　B. 方便保存和运输

　C. 使样品成分分布均匀，提高检测准确性

　D. 改变食品营养价值

6. 在进行食品样品预处理时，（　　）是不正确的。

　A. 严格按照预处理方法进行操作

　B. 根据需要调整预处理的步骤

　C. 随意更改预处理的试剂用量

　D. 记录预处理的详细过程

7. 对于含有较多水分的食品样品，预处理时通常需要进行（　　）操作。

　A. 干燥　　　　　　B. 稀释　　　　　　C. 过滤　　　　　　D. 浓缩

8. 预处理过程中使用的试剂应满足（　　）要求。

　A. 价格低廉　　　　　　　　　　B. 对人体无害

　C. 不与样品发生反应　　　　　　D. 易于获取

9. （　　）可以用于去除食品样品中的蛋白质。

　A. 沉淀法　　　　　B. 稀释法　　　　　C. 过滤法　　　　　D. 吸附法

10. 在预处理过程中，如何保证样品的代表性？（　　　）

  A. 只处理部分样品

  B. 随意选择样品进行处理

  C. 对所有样品进行相同的预处理操作

  D. 根据需要选择不同的预处理方法

二、判断题

1. 食品样品预处理是提高检测结果准确性和可靠性的重要步骤。（　　　）

2. 在进行食品样品预处理时，可以随意更改预处理的步骤和条件。（　　　）

3. 预处理过程中使用的试剂对检测结果没有影响。（　　　）

4. 对于不同性质的食品样品，应选择相同的预处理方法。（　　　）

5. 记录预处理过程对于后续的数据分析和结果解释非常重要。（　　　）

项目五　食品样品留样与评估操作规范

学习目标

知识目标

1. 掌握食品样品留样的目的。
2. 掌握食品样品留样的具体操作方法。
3. 掌握食品样品留样的保存原则。

能力目标

1. 能够根据样品检测要求，做好留样记录和样品标记。
2. 能够掌握不同状态食品的留样要求，做好留样工作。
3. 能够正确做好食品样品留样的保存。

素质目标

1. 树立"质量第一"的思想，培养办事公道、坚持原则、不徇私情的职业道德。
2. 通过学习食品样品采集的知识和技能，培养食品安全责任感、爱国价值观和家国情怀。
3. 培养一丝不苟、敬业爱岗、精益求精的工匠精神。
4. 通过小组合作完成课堂任务，培养团队合作精神。

案例引入

山东省德州市抽、检、处分离确保抽检全流程客观公正

2022 年，为深入开展食品安全"守底线、查隐患、保安全"专项行动，山东省德州市德城区市场监督管理局以全力推动"抽检分离"改革为突破口，采用三种抽样模式，建立三项工作机制，形成消费者、经营者、监督管理者三方共治格局，不断提高食品安全风险隐患发现、预警、处置能力。

德城区已在全区 8 个市场监督管理所开展多方参与的食品抽样，其中，执法人员参与抽样 140 批次、消费者及经营者"点单式"抽样 153 批次，发现不合格食品 16 批次。

"抽检分离"还进一步提高了问题食品的发现能力。2022 年 6—7 月，德城区累计采用"抽检分离"模式抽检 245 批次，问题发现率 6.5%；非"抽检分离"488 批次，问题发现率 3.9%；2022 年 6—7 月，抽检总体问题发现率 5.3%，比 2021 年同期高 2.6%。廉政工作水平也进一步提升，抽检分离后，区局未再收到对食品监督管理人员的投诉。

（信息来源：《中国市场监管报》2022 年 12 月 30 日报道）

知识引导

1. 从上面的案例中，你认为在进行国家食品安全抽样过程中，工作人员如何保障留样样品的真实性和完整性？

2. 针对不同类型食品的特点，食品样品留样有哪些操作规范？

知识链接 📄

知识点一 样品留样

一、留样目的

目前，食品安全问题越来越受到人们的重视，为了保证食品的安全，追溯源头，实行食品样品留样，规范食品安全抽样检验工作，加强食品安全监督管理，保障公众身体健康和生命安全。人民应根据《中华人民共和国食品安全法》等法律法规，关注食品留样。

视频：留样标准

(一)食品留样目的

(1)建立食品的留样观察管理制度，为食品质量追溯或调查提供样品。

(2)如果发生可疑食物中毒或食品污染事故后，为能及时了解事件的原因提供线索。

(3)为了监测和验证加工食品的安全性，便于餐饮服务单位自身掌握情况。

(二)食品留样操作

1. 留样过程

(1)留样品种应包括所有加工制作的食品成品，每个品种留样不少于100 g，最好达到250 g。

(2)不同食品分别用不同的容器盛装留样，防止样品之间污染，留样容器应专用并消毒，样品应密闭保存在留样容器里。

(3)做好留样记录和样品标记，记录留样食品名称、留样量、留样时间、留样人员、审核人员等。每样样品上也应作出明显标记(如编号、标注食品名称、留样时间等)以确保记录与样品一一对应。

(4)采样完成后应及时放在专用冰箱内0~10 ℃冷藏保存48 h以上。留样的采集和保管技术要求较高，必须有专人负责，配备专用取样工具和专用冷藏冰箱，留样冰箱最好上锁。

2. 留样单位及制度

(1)留样单位。学校食堂(含托幼机构食堂)、集体用餐配送单位、中央厨房、重大活动餐饮服务、超过100人的建筑工地食堂和超过100人的一次性聚餐。以上6类餐饮服务单位和餐饮活动提供的每餐次食品应留样。

(2)留样的规章制度。明确留样的情形、采用的方法、采样负责人、样品的保存及保存时间、处理方式等内容。

(三)案例分析

案例一：新闻不断爆出食物中毒事件，贵州一学校多名学生食物中毒，福建卫生职业技术学院师生发烧腹泻，疑食物中毒。如果餐厅或者食堂发生可疑食物中毒或食品污染事故，食物留样就能为及时了解事件的原因提供线索。

案例二：国家为保证食品卫生安全，预防食物中毒事故的发生，及时查明食物中毒事故原因，采取有效的救治措施，实行食品留样制度。随着食品安全问题的不断爆出，食品留样设备的不完善、事件发生后责任谁来承担又成了问题。针对以上问题福意联企业根据国家食品留样制度需求投资研发生产了专业食品留样柜。国家对于留样食品要求，采集完成后应及时存放在 4 ℃左右的冷藏条件下，保存 48 h 以上，不得冷冻保存。食品样品留样目的见表 5-1。

表 5-1 食品样品留样目的

目的 1	建立食品的留样观察管理制度
目的 2	为食品质量追溯或调查提供样品
目的 3	食物中毒或食品污染事故后，为能及时了解事件的原因提供线索
目的 4	监测和验证加工食品的安全性，便于餐饮服务单位自身掌握情况

福意联专业食品留样柜，采用微电脑程序控制温度，恒温精准，可操作性强，可根据需要在 LED 面板上调节设定温度。制冷系统采用强制空气循环，确保箱体内部恒温无死角，降温速度快，在短时间内即可达到温度要求。福意联专业食品留样柜采用双安全门锁，双人双管保证了食品留样过程中的安全性。便于食物中毒事故发生后对保存食品的复检，及时查明食物中毒事故原因，保障实行安全放心的食品留样监督管理制度。为满足市场的不同需求，福意联组织专业的技术人员，生产出了不同规格及类型的专用食品留样柜。

二、留样要求

根据样品管理程序的要求，规范样品制备、样品保存程序，正确使用样品处理设备，保证检验检测数据准确，保证操作人员的人身安全及处理设备的安全。

根据《中华人民共和国产品质量法》《中华人民共和国食品卫生法》和食品卫生规范的相关法规，保证食品卫生安全。

(一)留样室的要求

1. 环境要求

为保证留样室的最佳环境，留样室应有避光措施，避免阳光直接照射。应避开腐蚀性气体污染，要与实验区分开。另外，温湿度是控制食品质量的重要环节，一般温度应为10~30 ℃，需冷藏的样品应控制在 20 ℃以下。相对湿度应控制为 45%~75%，以避免样品受环境影响发生变质，给复验带来不确定的后果。

2. 设施要求

留样室的设备、设施应符合样品规定的保存条件，要设有防火、防水、防晒、防盗、防潮、防虫、防鼠、防尘和降温通风设施。必须配备消防器材，电路设计要合理。应安装防盗门窗和通风装置。另外，要严格控制留样室的温度和湿度，应配备温度、湿度调节设施，如空调、除湿机，并有相应的监控设施，如温湿度计等。

(二)留样操作的要求

(1)弃除超出留样时间的样品、刷洗留样杯(盒)，保证内外清洁、无残渣、油污；留样杯(盒)用清水过滤两遍；杯口朝下，倾斜放置在蒸箱内高温消毒 45 min 以上，或用 1:250 的 84 消毒液浸泡 10 min 以上。

(2)消毒后存放，留样操作前留样人员必须用消毒肥皂和流水洗手、用专用匙勺取样，不准接触不洁物品，在留取另一样品时，匙勺必须清洗。

(3)留样人员的手不准触及留样杯(盒)的内壁、在食品分发售卖前取样，如带包装食品应整包(瓶)留样，不准拆包(瓶)零取，如牛奶、饮料等。留样足量，不低于 100 g；留样食品自然冷却后密封；留样人员认真填写《留样标识卡》。

(三)不同状态食品的留样要求

1. 对成品食品的留样要求

(1)每批食品均要有留样，如果一批食品分成数次进行包装，则每次包装至少要保留一件最小市售包装的成品。

视频：留样原则

(2)留样的包装形式要与食品市售包装形式相同。

(3)每批食品的留样数量一般至少能够确保按照注册批准的质量标准完成两次全检。

(4)留样观察应当有记录。

2. 对物料的留样要求

(1)制剂生产使用的每批原辅料和与食品直接接触的包装材料均应当有留样。

(2)物料的留样量应当至少满足鉴别的需要，原辅料、成品一般为 3 倍全检量，包装材料可根据大小，选择 1 个/批或 30 cm/批。

(3)除稳定性较差的原辅料外，用于制剂生产的原辅料(不包括生产过程中使用的溶剂、气体)和与食品直接接触的包装材料的留样应当至少保存至产品放行后两年。如果物料的有效期较短，则留样时间可相应缩短。

(4)物料的留样应当按照规定的条件保存，必要时还应当适当包装密封。

(四)留样的其他要求

(1)物料的留样量要至少满足鉴别的需要；物料用相应的取样袋包装。

(2)抽样性质的检验任务，应在抽样现场制取留样，并粘贴封条，同时在盖有抽样机构公章的封条上，双方代表签字确认，相关记录，见表 5-2。委托检验，应在委托检验合同或协议书上写清是否留样、检验完毕是否退回，以及保留期限或不予留样；如需留样，留样的制备在样品验收的现场进行，委托方和被委托方双方在封条上签字确认。

表 5-2 留样接收统计表

日期	样品编号	储存温度	留样样品状态	经手人	是否符合要求(是/否)

(3)对于易腐败、霉变、挥发及开封后无保留价值的样品，在检验卡上注明情况后可以不留样。

(4)为确保样品在试验室自始至终不发生混淆及实现样品的可追溯性，同一个样品的留样与供检验用的样品同一标识，留样在状态栏中选择或标注"留样"。

三、留样保存

为规范食品生产经营行为，加强农产品包装和标识管理，建立健全食品可追溯制度，为保证留样样品的实用性，必须注意留样时的要求。这就要求我们严谨、认真、仔细。对待不同的样品要采取不同的留样保存方法。

(一)样品保存

采取的样品为了防止其水分或挥发性成分散失及其他待测成分含量的变化，应在短时间内进行分析，尽量做到当天样品当天分析。

1. 样品在保存过程中的变化

(1)吸水或失水。样品原来含水率高的易失水，反之吸水；含水率高的还易发生霉变，细菌繁殖快。保存样品用的容器有玻璃、塑料、金属等，原则上保存样品的容器不能同样品的主要成分发生化学反应。

(2)霉变。特别是新鲜的植物性样品，易发生霉变，当组织有损坏时更易发生褐变，因为组织受伤时，氧化酶发生作用，变成褐色。对于组织受伤的样品不易保存，应尽快分析，如茶叶采下来时，可先脱活(杀青)，也就是先加热脱去酶的活性。

(3)细菌污染。食品由于营养丰富，往往容易产生细菌，所以为了防止细菌污染，通常采用冷冻的方法进行保存，样品保存的理想温度为-20 ℃；有的为了防止细菌污染可加防腐剂，比如牛奶中可加甲醛作为防腐剂，但量不能加得过多，一般是$1\sim2$滴/(100 mL牛奶)。

2. 样品在保存过程中应注意的问题

当采集的样品不能马上分析时，应用密塞加封，进行妥善保存。样品在保存过程中，应注意以下几点。

(1)盛样品的容器：应是清洁干燥的优质磨口玻璃容器，容器外贴上标签，注明食品名称、采样日期、编号、分析项目等。

(2)易腐败变质的样品：需进行冷藏，避光保存，但时间也不宜过长。

(3)已腐败变质的样品：应弃去不要，重新采样分析。

(4)保存方法做到净、密、冷、快。

1)净：采集和保存样品的一切工具和容器必须清洁干净，不得含有待测成分，净也是防止样品腐败变质的措施。

2)密：样品包装应是密闭的，以稳定水分，防止挥发成分损失，避免在运输、保存过程中引进污染物质。

3)冷：将样品在低温下保存，以抑制酶活性，抑制微生物的生长。

4)快：采样后应尽快分析，对于含水率高、分析项目多的样品，如不能尽快分析，应先将样品烘干测定水分，保存烘干样品。

总之，样品在保存过程中要防止受潮、风干、变质，保证样品的外观和化学组成不发生变化。分析结束后的剩余样品，除易腐败变质的样品不予保留外，其他样品一般保存期为1个月，以备复查。

3. 样品保存的时间

(1)留存样品一般保存1个月，以备复验，对有特殊要求的样品按相关规定执行。储备检测样品保留 2 个月，保留样品应存放于适当的容器，尽可能保持其原状。易变质的粮油不能保存时，可不保留样品，但应事先对送验单位说明。

（2）严格按照有关技术标准所规定的样品保存时间要求，一般样品在检测完毕并经确认无误后方可进行废弃处理；对于在检测完毕后还需进行复测的样品，应及时将剩余样品送交样品库进行保存。

（3）样品库所保留的样品超过保存期时，由样品管理人员提出处理清单，经中心主任批准后安排进行无害化废弃处理。凡涉及客户投诉、法律官司和仲裁等方面的重要样品的留样处理，还应经技术负责人批准后方可进行处理。

（二）样品保存的原则

（1）根据样品及其检测参数的特性，选择相应的保存方法，分类分区保存。

根据检测要求一般按照室温、冷藏、冷冻区分保存。其中，新鲜的果蔬类样品在冷藏条件暂存，不能超过 24 h；长期保存应根据检测要求制备后分类保存，其中蔬菜水果类检测农药残留、重金属样品应冷冻保存；谷物与油料类检测农药残留、生物毒素样品应冷冻保存；检测重金属样品应室温保存。

（2）冷冻保存的样品出库检测时，应室温解冻，解冻后立即称样，称样后立即返库冷冻保存。

（3）如正样需在检测部门保管，也应设置样品管理员，在独立的区域或设施内保存，保存和管理应符合相关要求。

（三）不同样品的保存方式

（1）用于微生物、净含量、比热容、感官（外观、色泽、气味、口感）、固形物含量、（海参）含砂量、（海参）可溶性糖、（海参）复水后干重率、（粉丝、粉条）断条率、（茶叶）粉末碎茶、酒精度、荧光物质检测的样品，不需要预处理和制备，需要原样保存；药物残留等待测组分不稳定的样品应冷冻保存，当天检测的试样可暂时冷藏保存。

（2）新鲜样品一般不宜保存，如需要暂时保存时，可将新鲜样品装入塑料袋，扎紧袋口，放在冰箱冷藏室或进行速冻固定。

（3）粮谷、豆、烟叶、脱水蔬菜等干货类：保存于洁净的塑料瓶中，并标明标记，于室温下或按样品保存条件下保存备用。

（4）鲜（湿）试样：保存于洁净的塑料瓶中，并标明标记，于 $-18\ ℃$ 冰箱中保存备用。

（5）液态试样：按样品保存条件保存备用（含气样品使用前应除气）。

（四）留样保存中的注意事项

（1）根据各留样样品的保存条件、理化性质，分门别类存放于不同的库室或柜架。对一些要求在冷处保存的样品须放置于冰箱内。对质量性状不稳定、易氧化分解或近期内发生过质量问题的样品要重点监控。

（2）留样室应由专人管理，要求留样保管人员定期检查、清点样品，在保管期间不能遗失、损毁，签封应保持原始，避免虫蛀、鼠咬。室内不许存放与留样无关的物品。做好留样室温度、湿度监控，每日上午、下午各一次定时对温湿度进行记录。如温湿度超出范围应及时采取调控措施并予以记录，相关记录见表 5-3。

表 5-3　留样保存记录表

样品编号	样品名称	样品保存时间	盛样容器	保存方式	经手人

四、留样观察

建立食品的留样观察管理制度，为食品质量追溯和调查提供样品。质量部门的中心检验室应设置留样观察室，建立物料、半成品和成品的留样观察制度，并指定专人(留样员)进行留样观察，填写留样观察记录，建立留样台账，定期做好总结并报有关领导。

视频：留样产品
观察

(一)样品留样观察

(1)留样管理员负责留样样品的管理工作，具有一定的专业知识，了解样品性质和保存方法。

(2)常规留样：原辅料、中间产品、内包装材料、成品均需每批做常规留样；外包装材料首次进货(包括改版后的首次进货)必须留样；每批印刷性包装材料样张附于批检验记录后(大型外包装材料除外，如纸箱等)。常规留样为留样备查品，作为样品检验出异常、产品在保存期间或销售过程中出现异常时复检用样。

(3)首次生产品种的前三批做长期留样，其余正常生产品种不同规格每年留三批做长期留样。

(4)生产工艺、方法、处方变动或更换原辅料、内包装材料的供应商时，做长期留样。

(5)更新设备或任何变动可能引起食品内在质量变化时，做长期留样。

(6)留样样品不准销售或随意取走，属非检验用样品转移应有记录，并有质量部经理签字。

(7)留样期间发现异常情况应及时报告质检科主管，并按《试验室偏差处理程序》进行处理。

(二)样品留样观察检验

在规定时间对样品进行观察检验，并做好记录(包括外观、理化、卫检)和台账。

(1)检验周期：一般按 0、1、2、3、6、9、12、18、24、36、48 个月的检验周期观察，直到产品有效期后 1 年。微生物限度、(液体制剂)装量差异每年检验一次，鉴别、溶出度、含理测度、粒度、(固体制剂)重理差异(或装理差异)每半年检验一次(第三年开始每年检验一次)，水分每季度检验一次。

(2)检验项目：根据具体品种的质量标准而定。

(3)分样员将留样样品交给留样员时，留样员检查样品封口是否完好，外标签标记是否清楚，合格留样员填写好记录，双方签字。

(4)留样员每天上午检查温湿度，并做好记录(休息日除外)。

(5)留样样品的检测及有效期的计算：按《稳定性试验管理程序》进行检测和计算。

(三)样品留样观察条件

(1)留样数量：常规留样一般应不低于一次全检量的 1 倍；长期留样根据样品性质和留

样时间确定，一般不低于一次全检量的 10 倍；加速试验一般不低于全检量的 5 倍。特殊情况下根据各品种项目规格标准制定。

（2）留样柜存放于通风、干燥、避光处，条件与库房基本一致（相对湿度为 50％～70％）。

（3）室内有温度计与排风设施，阴凉储存室有空调。

（4）留样样品封口严密、完好，每个留样柜内的品名、规格、批号、来源、留样数量、编号及留样日期应贴在标签上，并易识别。

（5）留样样品按各种规定条件保存，加速试验品种按《稳定性试验管理程序》规定条件保存。

（6）留样观察的样品分门分类存放整齐。

（四）样品留样观察期限及要求

（1）保存期限：成品——有效期后 1 年；中间产品（半成品）——成品检验合格后 2 个月；原辅料——检验合格后 1 年；内包装材料——检验合格后 1 年；外包装材料——检验合格后 3 个月。

（2）留样管理员每半年对留样成品进行目检观察一次，并做好留样观察记录；如发现异常，要及时报告质量保证部领导，进行彻底调查并采取相应的处理措施。

（3）留样管理员每年对留样观察情况进行总结，对到期样品稳定性进行评价，并将文字材料交质量控制（QC）部主管、质量部经理审核后，由质量保证部归档保存。

（4）每年年底对成品留样观察总结一次；某个批次的样品留样观察结束后总结一次作为资料长期保存。

（5）对刚投产的新产品、移植产品及质量不稳定的产品要重点留样，抽取数批产品备长期考察，样品数量和考察项目根据需要而定。

（6）某些新产品经批准要求继续留样观察的，每 3 个月复检一次，直到该产品失效为止。做好记录及总结，为该产品延长有效期提供依据，有关记录见表 5-4。

表 5-4　样品留样观察记录表

留样日期	产品名称	生产日期	保质期	采样数量	采样人	第一次观察			第二次观察			样品处理或销毁记录	观察人	处理人
						观察日期	观察项目	观察结果	观察日期	观察项目	观察结果			

五、留样调用与留样处理

遇到客户投诉、对产品质量或检测结果有异议等情况，需要质量控制部门或需求部门写一张调用留样申请表，领导批准后可调用留样。留样样

视频：留样管理

品到达留样期限后，方可处理样品。样品的处理可依据企业产品留样、政府抽检样品、实验室样品和危害性样品四方面来展开。样品处理方式主要采用集中待处理样品，联系有关处理单位进行集中无害化处理，样品管理员留存相关处理资料和照片。

（一）样品留样调用

因重复检验、客户申请复验、仲裁检验及比对试验等工作需要调用留样时，相关记录表见表 5-5，应由使用人或科室填写"调用留样申请表"，阐明原因、用途，经科主任同意，业务科主任审批，分管领导批准后，方可调用留样。

留样的调用过程与留样的保存条件应保持一致，如冷冻保存的样品出库检测时，应室温解冻，解冻后立即称样，称样后立即进库冷冻保存。

表 5-5　食品留样调用情况记录表

调用时间	调用人	调用样品	调用样品编号	调用原因

（二）样品留样处理

1. 企业样品留样处理

（1）样品超过规定的保存期限时，由样品管理员填写《留存样品处理申请表》，报技术负责人批准后处置。过期样品处置应根据其特性在保证对环境和人员安全没有影响的前提下进行分类处置；对于有危害性的样品，试验室无法自行处理时，应交由具备资质的专业危废处理机构处置。

（2）超过留样期限的样品定期销毁，由留样管理员在《销毁台账》上注明所要销毁样品名称、规格、数量、销毁原因等，报质量部经理批准后，由质检科组织人员销毁。销毁时有2人在场，1人销毁，1人监督，并做好记录。

（3）留样期满后，仍在有效期内的样品可通知供样单位，如供样方要求退回，可按规定办理退样手续，退回供样单位；已超过有效期或供样单位不要求退回的样品，由保管人列出清单，经业务科主任审查，分管领导批准后，统一进行处理，并登记处理方法、日期，处理人签字存档。对已经过期失效的样品要及时销毁。

2. 政府抽检样品处理

政府抽检样品按标书要求进行留样和处理，其他样品无特别要求不留样。留样样品应至少保存到检验报告异议期结束后或产品规定保质期。政府下达的指令性检测任务或约定检测任务样品保存时间按任务实施方案或合同要求执行。

3. 试验室样品处理

（1）一般情况下，试验室不对水样进行留样，客户有特殊要求的除外。水样在采样15天后由质量负责人审批后，样品管理员负责处理并填写《样品处置记录》。检验检测中未发现有重大污染的水样可直接倾入下水道；若检验检测中有超标项目，需反馈样品管理员，进行单独存放并记录，若发现水样中重金属、有机物等超标，经客户确认后倒入废液桶统一处理。

（2）试验室对于有致病菌检验检测项目的样品在检验报告发出后，且满足试验室样品保存期限后方可处理。

（3）样品、副样品和保留样品应至少保存到出具检验报告后的仲裁申诉期结束。试验室应当制定程序文件详细规定样品、副样品和保留样品的保存期和过期处理要求，过期的样品和副样品应经试验室负责人审批后，交由样品管理员统一处理，并做好样品处置记录。

（4）样品、副样品和保留样品应根据其特性在保证对环境和人员健康安全没有影响的情况下进行分类处理，如根据样品的已知特性或检测结果分成有害或无害。

4. 危害性样品处理

对于具有危害性的样品，应交由专业的废弃物处理机构处理，或试验室建立已经验证安全有效的危害性样品处理程序，进行无害化处理并记录，相关记录见表5-6。该程序应满足国家或地方的相应的法律法规的要求，还应包括危害性样品的堆放和处理等方面管理。

表 5-6　食品留样样品处理情况记录

年　月　日

日期	被清理样品批次	处理情况	留样盒处理情况	经手人

知识点二　留样评估

一、留样评估依据

（一）食品样品留样评估的概念

食品样品留样评估是指对留样样品中食品添加剂，食品中生物性、化学性和物理性危害因素对人体健康可能造成的不良影响进行科学评估，具体包括危害识别、危害特征描述、暴露评估、风险特征描述四个阶段。

（二）食品样品留样评估的依据

（1）食品样品留样评估以食品安全风险监测和监督管理信息、科学数据及其他有关信息为基础，遵循科学、透明的原则进行。

（2）国家食品安全风险评估专家委员会依据相关规定及国家食品安全风险评估专家委员会章程独立进行风险评估，保证风险评估结果的科学、客观和公正。

（3）任何部门不得干预国家食品安全风险评估专家委员会和食品安全风险评估技术机构

承担的风险评估相关工作。

（三）食品样品留样潜在的危险因素

我国食品安全法规定，食品安全风险评估由国家卫生健康委员会负责，并成立食品安全风险评估专家委员会开展评估。

（1）留样样品中化学性因素的危险性评估。化学性因素的危险性评估主要针对有意加入的化学物、无意污染物和天然存在的毒素，包括食品添加剂、农药残留及其他农业用化学品、兽药残留、不同来源的化学污染物及天然毒素等。

（2）留样样品中生物性因素的危险性评估。生物性因素的危险性评估主要针对致病性细菌、霉菌、病毒、寄生虫、藻类及其毒素。生物性危害主要通过产生的毒素或宿主进食具有感染性的活病原体而影响人体健康。

（3）留样样品中物理性因素的危险性评估。物理性因素的危险性评估主要针对电离辐射、天然放射性、人为放射性等放射性污染物及金属物、玻璃物等其他异物污染。

（四）食品样品留样评估的结果

食品样品留样评估的结果包括定量的危险性（以数量表示的危险性）、定性的危险性和存在的不确定性。危险性管理（risk management）是指权衡接受、减少或降低危险性，并选择和实施适当政策的过程。相关依据见表 5-7，主要问题见表 5-8。

表 5-7　留样评估的法律依据

类型	法律法规名称	时间	法律法规要求
食品生产企业	《食品安全国家标准 食品生产通用卫生规范》（GB 14881—2013）	2014 年 6 月 1 日实施	检验室应有完善的管理制度，妥善保存各项检验的原始记录和检验报告
	《关于食品生产加工企业落实质量安全主体责任监督检查规定的公告》（总局公告 2009 年第 119 号）	2010 年 3 月 1 日执行	第十条（七）：企业应按规定保存出厂检验留样样品。产品保质期少于 2 年的，保存期限不得少于产品保质期；产品保质期超过 2 年的，保存期限不得少于 2 年

表 5-8　留样评估常见存在问题

序号	问题分类	问题描述
1	留样量与期限	产品未按照规定留样
		产品留样数量不足质量检验需求的两倍
		留样期限不符合要求
2	留样记录与批次管理	留样记录与实际留样不符
		无留样观察记录
		留样期间无留样记录
		留样柜内产品无产品批号、生产日期

续表

序号	问题分类	问题描述
3	留样室问题	留样间功能用途与核准的功能用途不符
		留样室的设置与生产规模不相适应
		留样室未设置温、湿度监控设备
		留样室温、湿度不符合产品保存要求

二、留样评估规则

为科学合理地规避食品安全风险、根据食品企业工厂经验、科学报告和其他信息，对生产、加工、包装或设备设施中可能存在的已知的或合理可预见的问题进行识别评估，保障公众身体健康和生命安全。

视频：留样规范

（一）留样目的与范围

食品生产企业应建立留样制度，旨在确保产品质量可追溯，及时发现并处理可能存在的食品安全问题。留样范围应覆盖生产过程中的各个环节，包括原料、半成品、成品等，确保样品的全面性和代表性。

（二）留样数量与时间

留样数量应根据产品批次、生产规模等因素科学确定，确保足够用于后续的检验、评估等工作。留样时间应明确，通常需要在产品生产完毕后立即进行留样，并保持一定的留样期限，以便在必要时进行复查。

（三）留样条件与保存

留样条件应符合相关标准，确保样品在留样期间保持原有的品质和状态。留样应存放在专用、清洁、干燥的留样室内，避免污染和变质。同时，应定期对留样室进行检查和维护，确保其符合留样条件。

（四）留样记录与管理

食品生产企业应建立完善的留样记录和管理制度，对留样的全过程进行记录和监控。留样记录应包括留样时间、留样人员、留样数量、保存条件等信息，并应妥善保存以备查阅。此外，还应定期对留样记录进行检查和整理，确保记录的准确性和完整性。

（五）留样检测与评估

留样样品应定期进行检测与评估，以判断产品质量是否符合相关标准和法规要求。检测项目应根据产品特性和风险程度进行确定，包括理化指标、微生物指标等。对于检测不合格的样品，应及时进行追溯和处理，防止不合格产品流入市场。

（六）食品样品评估后处理规则

食品样品在评估完毕或留样期满之后需进行无害化处理，评估结论为不合格的样品，应由专人监督销毁，不得留作私用。客户委托检验的样品，依据合同处置。涉及生物安全危害的样品，如致病菌阳性，应进行高压灭菌或者采用其他适宜的销毁方式，防止污染环境。

任务实施

绿茶中铅的抽样与留样

1. 食品制备的要求

序号	步骤	任务内容
1	确定食品的品种	茶叶属于（　　　　）类别
2	确定样品待制备的部分	不同类别的植物源食品选取不同的部位，茶叶选取（　　　）方法进行制备
3	确定制样的方法和数量	植物源食品制备的方法有（　　　　）。重金属样品制备数量一般为（　　　　　）
4	确定样品分装的件数和样品保存的方法	样品分为备样和（　　　）。重金属样品的保存条件为（　　　　）

2. 食品留样的要求

序号	步骤	任务内容
1	确定制样方法	茶叶取（　　　）部分制样
2	进行样品的制备、分装	茶叶采用（　　　　　）进行制样，共制备（　　　）g 样品，样品分装（　　　）份
3	留样的数量	每个品种留样不少于（　　　）g，最好达到（　　　）g
4	留样的保存	采样完成后应及时放在专用冰箱内于（　　　）条件保存冷藏，保存48 h 以上

综合实训　食品样品留样与评估

一、实训目的

通过实训，运用所学习的专业知识了解食品样品评估的工作流程与工作内容，加深对食品样品留样与评估的认识，将理论联系于实践，培养实际操作能力和分析解决问题的能力，达到学以致用的目的。

二、遵循原则

(1)依据《食品安全国家标准 食品生产通用卫生规范》(GB 14881—2013)。

(2)依据《关于食品生产加工企业落实质量安全主体责任监督检查规定的公告》(总局公

告 2009 年第 119 号)。

三、食品样品评估流程

(1)组建食品留样评估小组。

(2)食品安全知识(包括但不限于 ENOCP、过敏原、异物控制、CRP 和召回计划等)和食品样品留样评估程序。

(3)描述产品,其分布、预期用途,以及产品的消费者或最终用户。

(4)绘制流程图并在现场进行验证。

(5)描述过程。

四、留样评估项目表

(一)目的

建立食品的留样观察管理制度,为食品质量追溯或调查提供样品。

食品样品留样目的	
目的 1	
目的 2	
目的 3	
目的 4	

(二)要求

注意环境要求与设施要求。

留样接收统计表					
日期	样品编号	保存温度	留样样品状态	经手人	是否符合要求(是/否)

(三)保存

尽量做到当天样品当天分析,保存时保存方法做到净、密、冷、快。

留样保存记录表					
样品编号	样品名称	样品保存时间	盛样容器	保存方式	经手人

(四)观察

按规定时间对样品进行观察检查，并做好记录。

样品留样观察													
留样日期	产品名称	生产日期	保质期	采样数	采样人	第一次观察			第二次观察			样品处理	观察人	处理人
						观察	观察	观察	观察	观察	观察			

(五)调用

留样的调用过程与留样的保存条件应保持一致。

食品留样样品处理情况记录				
日期	被清理样品批次	处理情况	留样盒处理情况	经手人

(六)处理

处理方式应准确得当，符合国家标准。

食品样品调用情况记录表			
调用时间	调用人	调用样品	调用样品编号

(七)设置食品留样评估表

食品样品留样评估表										
成分/加工步骤/场所	确定引入、控制或增强潜在的食品安全隐患				存在潜在食品安全隐患需要进行预防性控制(是/否)	对第3栏的判定依据	预防性控制措施	预防性控制设施是否在本步骤被应用(是/否)	控制频率	纠正措施	控制人员
	风险描述	严重性	可能性	风险等级							
	生物性										
	化学性										
	物理性										

五、后期样品处理

食品样品在评估完毕或留样期满之后需进行无害化处理，评估结论为不合格的样品，应由专人监督销毁，不得留作私用。客户委托检验的样品，依据合同处理。涉及生物安全危害的样品，如致病菌阳性，应进行高压灭菌或者采用其他适宜的销毁方式，防止污染环境。

六、实训总结

样品管理与留样评估过程都是保证结果准确的关键环节。忽略样品管理，只追求留样评估和仪器设备的精度，往往不能准确反映样品的真实情况。相关机构在管理过程中，需充分评估样品管理人员的能力，配置样品存放必需的场所和设施设备，并定期进行监督检查，保证样品的安全性、完整性、稳定性和保密性。

习 题 五

一、单项选择题

1. 食品样品留样的主要目的是（　　）。

A. 便于后续检测 　　　　　　　　　B. 增加食品口感

C. 展示食品外观 　　　　　　　　　D. 提高食品营养价值

2. 在留样过程中，应如何保存食品样品？（　　）

A. 随意放置，无须特殊处理

B. 根据样品特性选择合适的保存条件

C. 所有样品都应冷冻保存

D. 所有样品都应常温保存

3. （　　）不是留样时应记录的内容。

A. 留样日期和时间 　　　　　　　　B. 留样人员的姓名

C. 留样样品的外观描述 　　　　　　D. 留样人员的家庭地址

4. 对于易腐败变质的食品样品，留样时应注意（　　）。

A. 延长留样时间 　　　　　　　　　B. 随意处理，无须特殊措施

C. 采取适当的防腐措施 　　　　　　D. 高温加热处理

5. 样品留样期限通常根据（　　）确定。

A. 样品类型 　　　　　　　　　　　B. 检测结果

C. 法律法规要求 　　　　　　　　　D. 任意设定

6. 在留样评估中，如果发现留样食品存在问题，应如何处理？（　　）

A. 立即销毁留样 　　　　　　　　　B. 随意丢弃留样

C. 及时报告相关部门 　　　　　　　D. 私自处理，不告知他人

7. 留样评估的主要目的是(　　)。

    A. 检查留样食品是否过期　　　　　B. 评估留样食品的口感

    C. 验证检测结果的准确性　　　　　D. 增加留样样品的数量

8. (　　)不是留样评估时需要考虑的因素。

    A. 留样样品的保存状态　　　　　　B. 留样样品的外观变化

    C. 留样样品的生产日期　　　　　　D. 留样样品的品牌知名度

9. 对于需要长期保存的留样样品，应采取(　　)措施。

    A. 随意放置，无须特殊处理　　　　B. 低温冷冻保存

    C. 高温烘干保存　　　　　　　　　D. 暴露于阳光下保存

10. 留样评估结果应如何记录和报告?(　　)

    A. 口头告知相关部门　　　　　　　B. 随意记录在便笺上

    C. 填写正式的留样评估报告　　　　D. 通过社交媒体发布

二、判断题

1. 食品样品留样是食品安全监督抽检工作的重要环节之一。　　　　　(　　)

2. 留样样品的保存条件对所有类型的食品都是相同的。　　　　　　　(　　)

3. 留样评估只需要关注留样样品的外观变化，无须考虑其他因素。　　(　　)

4. 留样期限的长短可以根据个人意愿随意调整。　　　　　　　　　　(　　)

5. 留样评估结果对于验证检测结果的准确性和可靠性具有重要意义。　(　　)

参 考 答 案

习题一

一、单项选择题

1. B 2. B 3. B 4. C 5. B 6. B 7. C 8. C 9. C 10. D 11. C 12. C

二、判断题

1. √ 2. × 3. × 4. √ 5. × 6. ×

习题二

一、单项选择题

1. C 2. D 3. A 4. D 5. C 6. C 7. C 8. B 9. C 10. C

二、判断题

1. × 2. × 3. √ 4. × 5. √

习题三

一、单项选择题

1. C 2. C 3. A 4. B 5. C 6. A 7. B 8. A 9. C 10. C

二、判断题

1. √ 2. × 3. × 4. × 5. ×

习题四

一、单项选择题

1. C 2. D 3. C 4. C 5. C 6. C 7. A 8. B 9. A 10. C

二、判断题

1. √ 2. × 3. × 4. × 5. √

习题五

一、单项选择题

1. A 2. B 3. D 4. C 5. C 6. C 7. C 8. D 9. B 10. C

二、判断题

1. √ 2. × 3. × 4. × 5. √

附　录

《中华人民共和国食品安全法》(节选)

（2009 年 2 月 28 日第十一届全国人民代表大会常务委员会第七次会议通过　2015 年 4 月 24 日第十二届全国人民代表大会常务委员会第十四次会议修订　根据 2018 年 12 月 29 日第十三届全国人民代表大会常务委员会第七次会议《关于修改〈中华人民共和国产品质量法〉等五部法律的决定》第一次修正　根据 2021 年 4 月 29 日第十三届全国人民代表大会常务委员会第二十八次会议《关于修改〈中华人民共和国道路交通安全法〉等八部法律的决定》第二次修正）

目　录

第一章　总　　则

第一条　为了保证食品安全，保障公众身体健康和生命安全，制定本法。

第二条　在中华人民共和国境内从事下列活动，应当遵守本法：

（一）食品生产和加工（以下称食品生产），食品销售和餐饮服务（以下称食品经营）；

（二）食品添加剂的生产经营；

（三）用于食品的包装材料、容器、洗涤剂、消毒剂和用于食品生产经营的工具、设备（以下称食品相关产品）的生产经营；

（四）食品生产经营者使用食品添加剂、食品相关产品；

（五）食品的贮存和运输；

（六）对食品、食品添加剂、食品相关产品的安全管理。

供食用的源于农业的初级产品（以下称食用农产品）的质量安全管理，遵守《中华人民共和国农产品质量安全法》的规定。但是，食用农产品的市场销售、有关质量安全标准的制定、有关安全信息的公布和本法对农业投入品作出规定的，应当遵守本法的规定。

第三条　食品安全工作实行预防为主、风险管理、全程控制、社会共治，建立科学、严格的监督管理制度。

第四条　食品生产经营者对其生产经营食品的安全负责。

食品生产经营者应当依照法律、法规和食品安全标准从事生产经营活动，保证食品安全，诚信自律，对社会和公众负责，接受社会监督，承担社会责任。

第五条　国务院设立食品安全委员会，其职责由国务院规定。

国务院食品药品监督管理部门依照本法和国务院规定的职责，对食品生产经营活动实施监督管理。

国务院卫生行政部门依照本法和国务院规定的职责，组织开展食品安全风险监测和风险评估，会同国务院食品药品监督管理部门制定并公布食品安全国家标准。

国务院其他有关部门依照本法和国务院规定的职责，承担有关食品安全工作。

第六条　县级以上地方人民政府对本行政区域的食品安全监督管理工作负责，统一领导、组织、协调本行政区域的食品安全监督管理工作以及食品安全突发事件应对工作，建立健全食品安全全程监督管理工作机制和信息共享机制。

县级以上地方人民政府依照本法和国务院的规定，确定本级食品药品监督管理、卫生行政部门和其他有关部门的职责。有关部门在各自职责范围内负责本行政区域的食品安全监督管理工作。

县级人民政府食品药品监督管理部门可以在乡镇或者特定区域设立派出机构。

第七条　县级以上地方人民政府实行食品安全监督管理责任制。上级人民政府负责对下一级人民政府的食品安全监督管理工作进行评议、考核。县级以上地方人民政府负责对本级食品安全监督管理部门和其他有关部门的食品安全监督管理工作进行评议、考核。

第八条　县级以上人民政府应当将食品安全工作纳入本级国民经济和社会发展规划，将食品安全工作经费列入本级政府财政预算，加强食品安全监督管理能力建设，为食品安全工作提供保障。

县级以上人民政府食品药品监督管理部门和其他有关部门应当加强沟通、密切配合，按照各自职责分工，依法行使职权，承担责任。

第九条　食品行业协会应当加强行业自律，按照章程建立健全行业规范和奖惩机制，提供食品安全信息、技术等服务，引导和督促食品生产经营者依法生产经营，推动行业诚信建设，宣传、普及食品安全知识。

消费者协会和其他消费者组织对违反本法规定，损害消费者合法权益的行为，依法进行社会监督。

第十条　各级人民政府应当加强食品安全的宣传教育，普及食品安全知识，鼓励社会组织、基层群众性自治组织、食品生产经营者开展食品安全法律、法规以及食品安全标准和知识的普及工作，倡导健康的饮食方式，增强消费者食品安全意识和自我保护能力。

新闻媒体应当开展食品安全法律、法规以及食品安全标准和知识的公益宣传，并对食品安全违法行为进行舆论监督。有关食品安全的宣传报道应当真实、公正。

第十一条　国家鼓励和支持开展与食品安全有关的基础研究、应用研究，鼓励和支持食品生产经营者为提高食品安全水平采用先进技术和先进管理规范。

国家对农药的使用实行严格的管理制度，加快淘汰剧毒、高毒、高残留农药，推动替代产品的研发和应用，鼓励使用高效低毒低残留农药。

第十二条　任何组织或者个人有权举报食品安全违法行为，依法向有关部门了解食品安全信息，对食品安全监督管理工作提出意见和建议。

第十三条　对在食品安全工作中做出突出贡献的单位和个人，按照国家有关规定给予表彰、奖励。

第二章　食品安全风险监测和评估

第十四条　国家建立食品安全风险监测制度，对食源性疾病、食品污染以及食品中的有害因素进行监测。

国务院卫生行政部门会同国务院食品药品监督管理等部门，制定、实施国家食品安全风险监测计划。

国务院食品药品监督管理部门和其他有关部门获知有关食品安全风险信息后，应当立即核实并向国务院卫生行政部门通报。对有关部门通报的食品安全风险信息以及医疗机构报告的食源性疾病等有关疾病信息，国务院卫生行政部门应当会同国务院有关部门分析研究，认为必要的，及时调整国家食品安全风险监测计划。

省、自治区、直辖市人民政府卫生行政部门会同同级食品药品监督管理等部门，根据国家食品安全风险监测计划，结合本行政区域的具体情况，制定、调整本行政区域的食品安全风险监测方案，报国务院卫生行政部门备案并实施。

第十五条　承担食品安全风险监测工作的技术机构应当根据食品安全风险监测计划和监测方案开展监测工作，保证监测数据真实、准确，并按照食品安全风险监测计划和监测方案的要求报送监测数据和分析结果。

食品安全风险监测工作人员有权进入相关食用农产品种植养殖、食品生产经营场所采集样品、收集相关数据。采集样品应当按照市场价格支付费用。

第十六条　食品安全风险监测结果表明可能存在食品安全隐患的，县级以上人民政府卫生行政部门应当及时将相关信息通报同级食品药品监督管理等部门，并报告本级人民政府和上级人民政府卫生行政部门。食品药品监督管理等部门应当组织开展进一步调查。

第十七条　国家建立食品安全风险评估制度，运用科学方法，根据食品安全风险监测信息、科学数据以及有关信息，对食品、食品添加剂、食品相关产品中生物性、化学性和物理性危害因素进行风险评估。

国务院卫生行政部门负责组织食品安全风险评估工作，成立由医学、农业、食品、营养、生物、环境等方面的专家组成的食品安全风险评估专家委员会进行食品安全风险评估。食品安全风险评估结果由国务院卫生行政部门公布。

对农药、肥料、兽药、饲料和饲料添加剂等的安全性评估，应当有食品安全风险评估专家委员会的专家参加。

食品安全风险评估不得向生产经营者收取费用，采集样品应当按照市场价格支付费用。

第十八条　有下列情形之一的，应当进行食品安全风险评估：

（一）通过食品安全风险监测或者接到举报发现食品、食品添加剂、食品相关产品可能存在安全隐患的；

（二）为制定或者修订食品药品国家标准提供科学依据需要进行风险评估的；

（三）为确定监督管理的重点领域、重点品种需要进行风险评估的；

（四）发现新的可能危害食品安全因素的；

（五）需要判断某一因素是否构成食品安全隐患的；

（六）国务院卫生行政部门认为需要进行风险评估的其他情形。

第十九条　国务院食品药品监督管理、农业行政等部门在监督管理工作中发现需要进行食品安全风险评估的，应当向国务院卫生行政部门提出食品安全风险评估的建议，并提供风险来源、相关检验数据和结论等信息、资料。属于本法第十八条规定情形的，国务院卫生行政部门应当及时进行食品安全风险评估，并向国务院有关部门通报评估结果。

第二十条　省级以上人民政府卫生行政、农业行政部门应当及时相互通报食品、食用农产品安全风险监测信息。

国务院卫生行政、农业行政部门应当及时相互通报食品、食用农产品安全风险评估结果等信息。

第二十一条　食品安全风险评估结果是制定、修订食品安全标准和实施食品安全监督管理的科学依据。

经食品安全风险评估，得出食品、食品添加剂、食品相关产品不安全结论的，国务院食品安全监督管理等部门应当依据各自职责立即向社会公告，告知消费者停止食用或者使用，并采取相应措施，确保该食品、食品添加剂、食品相关产品停止生产经营；需要制定、修订相关食品安全国家标准的，国务院卫生行政部门应当会同国务院食品安全监督管理部门立即制定、修订。

第二十二条　国务院食品药品监督管理部门应当会同国务院有关部门，根据食品安全风险评估结果、食品安全监督管理信息，对食品安全状况进行综合分析。对经综合分析表明可能具有较高程度安全风险的食品，国务院食品药品监督管理部门应当及时提出食品安全风险警示，并向社会公布。

第二十三条 县级以上人民政府食品药品监督管理部门和其他有关部门、食品安全风险评估专家委员会及其技术机构，应当按照科学、客观、及时、公开的原则，组织食品生产经营者、食品检验机构、认证机构、食品行业协会、消费者协会以及新闻媒体等，就食品安全风险评估信息和食品安全监督管理信息进行交流沟通。

......

第六十四条 食用农产品批发市场应当配备检验设备和检验人员或者委托符合本法规定的食品检验机构，对进入该批发市场销售的食用农产品进行抽样检验；发现不符合食品安全标准的，应当要求销售者立即停止销售，并向食品药品监督管理部门报告。

......

第八十七条 县级以上人民政府食品药品监督管理部门应当对食品进行定期或者不定期的抽样检验，并依据有关规定公布检验结果，不得免检。进行抽样检验，应当购买抽取的样品，委托符合本法规定的食品检验机构进行检验，并支付相关费用；不得向食品生产经营者收取检验费和其他费用。

第八十八条 对依照本法规定实施的检验结论有异议的，食品生产经营者可以自收到检验结论之日起七个工作日内向实施抽样检验的食品药品监督管理部门或者其上一级食品药品监督管理部门提出复检申请，由受理复检申请的食品药品监督管理部门在公布的复检机构名录中随机确定复检机构进行复检。复检机构出具的复检结论为最终检验结论。复检机构与初检机构不得为同一机构。复检机构名录由国务院认证认可监督管理、食品安全监督管理、卫生行政、农业行政等部门共同公布。

采用国家规定的快速检测方法对食用农产品进行抽查检测，被抽查人对检测结果有异议的，可以自收到检测结果时起四小时内申请复检。复检不得采用快速检测方法。

......

第一百一十条 县级以上人民政府食品药品监督管理部门履行食品安全监督管理职责，有权采取下列措施，对生产经营者遵守本法的情况进行监督检查：

（一）进入生产经营场所实施现场检查；

（二）对生产经营的食品、食品添加剂、食品相关产品进行抽样检验；

（三）查阅、复制有关合同、票据、账簿以及其他有关资料；

（四）查封、扣押有证据证明不符合食品安全标准或者有证据证明存在安全隐患以及用于违法生产经营的食品、食品添加剂、食品相关产品；

（五）查封违法从事生产经营活动的场所。

......

《食品安全抽样检验管理办法》修订内容

为贯彻党中央、国务院决策部署，落实《关于深化改革加强食品安全工作的意见》（以下简称《意见》）和《地方党政领导干部食品安全责任制规定》（以下简称《规定》）要求，进一步规范食品安全抽样检验工作，加强食品安全监督管理，保障公众身体健康和生命安全，根据食品安全法等法律法规，市场监督管理总局对 2014 年 12 月原国家食品药品监督管理总局制定的《食品安全抽样检验管理办法》（国家食品药品监督管理总局令第 11 号，以下称《办法》）进行了修订。《办法》经 2019 年 7 月 30 日国家市场监督管理总局第 11 次局务会议审议通过，自 2019 年 10 月 1 日起实施。修订的主要内容如下：

（一）落实《意见》要求，完善食品安全抽样检验的含义和范围。着力提高监督管理的靶向性，根据工作目的和工作方式的不同，将食品安全抽检工作分为监督抽检、风险监测和评价性抽检。首次明确评价性抽检是指依据法定程序和食品安全标准等规定开展抽样检验，对市场上食品总体安全状况进行评估的活动，并明确可以参照本办法有关规定组织开展评价性抽检。同时，坚持原则性和灵活性相结合，对于评价性抽检以及餐饮食品、食用农产品的抽检，规定市场监督管理部门可以参照本办法关于食品安全监督抽检的规定组织开展。

（二）坚持问题导向，完善抽样程序要求。一是落实"双随机、一公开"要求，明确食品安全抽样工作应当遵守随机选取抽样对象、随机确定抽样人员的要求。二是针对现场抽样和网络抽样在权利义务告知、现场信息采集、封样、签字盖章确认等方面的区别，分别完善了现场抽样和网络抽样应当履行的程序要求，并对网络食品抽检方式、费用支付、信息采集、样品收集等作出规定。三是着力解决实践中的突出问题，对涉及抽样、检验、样品移交等各环节时限依法做进一步明确和完善。四是坚持包容审慎监督管理，明确市场监督管理部门可以参照本办法关于网络食品安全监督抽检的规定对自动售卖机、无人超市等没有实际经营人员的食品经营者组织实施抽样检验。

（三）完善复检程序规定。调整了申请复检时限、复检机构确定方式，明确复检备份样品移交、报告提交、结果通报等各环节工作时限。规定复检备份样品确认由复检机构实施并记录，改变既往复检机构、初检机构、复检申请人三方确认的做法，提高工作效率。

（四）完善抽样异议处理程序。依法保障食品生产经营者权益，将抽样、检验及判定依据纳入异议申请范围，针对不同的异议情形明确异议提出主体。同时，补充完善了异议提出、受理、审核、结果通报等各环节时限和程序等相关规定要求，提高工作效率。

（五）强化核查处置措施。落实属地监督管理责任，完善监督抽检信息通报机制，进一步明确总局组织的抽检、涉及跨省级行政区域、地方组织的抽检以及网络抽检不合格食品的通报程序，并明确通过食品安全抽样检验信息系统进行通报，提高通报时效性，以便监督管理部门及时处置、控制风险。

（六）落实"四个最严"要求。严格抽样管理，要求抽样单位建立食品抽样管理制度，明确岗位职责、抽样流程和工作纪律，加强对抽样人员的培训和指导，保证抽样工作质量。严格检验标准，明确监督抽检应当采用食品安全标准规定的检验项目和检验方法。严格承检机构管理，明确承检机构进行检验应当尊重科学，恪守职业道德，保证出具的检验数据和结论客观、公正，不得出具虚假检验报告。同时，落实食品安全法及其实施条例，规定没有食品安全标准的，应当采用依照法律法规制定的临时限量值、临时检验方法或者补充检验方法。

（七）强化法律责任。一是依法加大了食品生产经营者无正当理由拒绝、阻挠或者干涉抽样检验、风险监测和调查处理的，拒不召回或者停止经营以及提供虚假证明材料申请异议的处罚力度。二是强化信用惩戒，规定监督抽检结果和不合格食品核查处置的相关信息除依法公示外，还要按要求记入食品生产经营者信用档案；受到的行政处罚等信息还要依法归集至国家企业信用信息公示系统。对存在严重违法失信行为的，按规定实施联合惩戒。三是强化承检机构管理责任，对存在违法行为的，除依法处理外，规定市场监督管理部门五年不得委托其承担抽样检验任务；调换样品、伪造检验数据或者出具虚假检验报告的，终身不再委托。四是强化复检机构承担复检任务的约束，明确无正当理由 1 年内 2 次拒绝承担复检任务的，撤销其复检机构资质并向社会公布。

食品安全抽样检验管理办法

（2019 年 8 月 8 日国家市场监督管理总局令第 15 号公布 根据 2022 年 9 月 29 日国家市场监督管理总局令第 61 号修正）

第一章　总　则

第一条　为规范食品安全抽样检验工作，加强食品安全监督管理，保障公众身体健康和生命安全，根据《中华人民共和国食品安全法》等法律法规，制定本办法。

第二条　市场监督管理部门组织实施的食品安全监督抽检和风险监测的抽样检验工作，适用本办法。

第三条　国家市场监督管理总局负责组织开展全国性食品安全抽样检验工作，监督指导地方市场监督管理部门组织实施食品安全抽样检验工作。

县级以上地方市场监督管理部门负责组织开展本级食品安全抽样检验工作，并按照规定实施上级市场监督管理部门组织的食品安全抽样检验工作。

第四条　市场监督管理部门应当按照科学、公开、公平、公正的原则，以发现和查处食品安全问题为导向，依法对食品生产经营活动全过程组织开展食品安全抽样检验工作。

食品生产经营者是食品安全第一责任人，应当依法配合市场监督管理部门组织实施的食品安全抽样检验工作。

第五条　市场监督管理部门应当与承担食品安全抽样、检验任务的技术机构（以下简称承检机构）签订委托协议，明确双方权利和义务。

承检机构应当依照有关法律、法规规定取得资质认定后方可从事检验活动。承检机构进行检验，应当尊重科学，恪守职业道德，保证出具的检验数据和结论客观、公正，不得出具虚假检验报告。

市场监督管理部门应当对承检机构的抽样检验工作进行监督检查，发现存在检验能力缺陷或者有重大检验质量问题等情形的，应当按照有关规定及时处理。

第六条　国家市场监督管理总局建立国家食品安全抽样检验信息系统，定期分析食品安全抽样检验数据，加强食品安全风险预警，完善并督促落实相关监督管理制度。

县级以上地方市场监督管理部门应当按照规定通过国家食品安全抽样检验信息系统，及时报送并汇总分析食品安全抽样检验数据。

第七条　国家市场监督管理总局负责组织制定食品安全抽样检验指导规范。

开展食品安全抽样检验工作应当遵守食品安全抽样检验指导规范。

第二章　计　划

第八条　国家市场监督管理总局根据食品安全监督管理工作的需要，制定全国性食品安全抽样检验年度计划。

县级以上地方市场监督管理部门应当根据上级市场监督管理部门制定的抽样检验年度计划并结合实际情况，制定本行政区域的食品安全抽样检验工作方案。

市场监督管理部门可以根据工作需要不定期开展食品安全抽样检验工作。

第九条　食品安全抽样检验工作计划和工作方案应当包括下列内容：

（一）抽样检验的食品品种；

（二）抽样环节、抽样方法、抽样数量等抽样工作要求；

（三）检验项目、检验方法、判定依据等检验工作要求；

（四）抽检结果及汇总分析的报送方式和时限；

（五）法律、法规、规章和食品安全标准规定的其他内容。

第十条　下列食品应当作为食品安全抽样检验工作计划的重点：

（一）风险程度高以及污染水平呈上升趋势的食品；

（二）流通范围广、消费量大、消费者投诉举报多的食品；

（三）风险监测、监督检查、专项整治、案件稽查、事故调查、应急处置等工作表明存在较大隐患的食品；

（四）专供婴幼儿和其他特定人群的主辅食品；

（五）学校和托幼机构食堂以及旅游景区餐饮服务单位、中央厨房、集体用餐配送单位经营的食品；

（六）有关部门公布的可能违法添加非食用物质的食品；

（七）已在境外造成健康危害并有证据表明可能在国内产生危害的食品；

（八）其他应当作为抽样检验工作重点的食品。

第三章　抽　样

第十一条　市场监督管理部门可以自行抽样或者委托承检机构抽样。食品安全抽样工作应当遵守随机选取抽样对象、随机确定抽样人员的要求。

县级以上地方市场监督管理部门应当按照上级市场监督管理部门的要求，配合做好食品安全抽样工作。

第十二条　食品安全抽样检验应当支付样品费用。

第十三条 抽样单位应当建立食品抽样管理制度，明确岗位职责、抽样流程和工作纪律，加强对抽样人员的培训和指导，保证抽样工作质量。

抽样人员应当熟悉食品安全法律、法规、规章和食品安全标准等的相关规定。

第十四条 抽样人员执行现场抽样任务时不得少于2人，并向被抽样食品生产经营者出示抽样检验告知书及有效身份证明文件。由承检机构执行抽样任务的，还应当出示任务委托书。

案件稽查、事故调查中的食品安全抽样活动，应当由食品安全行政执法人员进行或者陪同。

承担食品安全抽样检验任务的抽样单位和相关人员不得提前通知被抽样食品生产经营者。

第十五条 抽样人员现场抽样时，应当记录被抽样食品生产经营者的营业执照、许可证等可追溯信息。

抽样人员可以从食品经营者的经营场所、仓库以及食品生产者的成品库待销产品中随机抽取样品，不得由食品生产经营者自行提供样品。

抽样数量原则上应当满足检验和复检的要求。

第十六条 风险监测、案件稽查、事故调查、应急处置中的抽样，不受抽样数量、抽样地点、被抽样单位是否具备合法资质等限制。

第十七条 食品安全监督抽检中的样品分为检验样品和复检备份样品。

现场抽样的，抽样人员应当采取有效的防拆封措施，对检验样品和复检备份样品分别封样，并由抽样人员和被抽样食品生产经营者签字或者盖章确认。

抽样人员应当保存购物票据，并对抽样场所、贮存环境、样品信息等通过拍照或者录像等方式留存证据。

第十八条 市场监督管理部门开展网络食品安全抽样检验时，应当记录买样人员以及付款账户、注册账号、收货地址、联系方式等信息。买样人员应当通过截图、拍照或者录像等方式记录被抽样网络食品生产经营者信息、样品网页展示信息，以及订单信息、支付记录等。

抽样人员收到样品后，应当通过拍照或者录像等方式记录拆封过程，对递送包装、样品包装、样品储运条件等进行查验，并对检验样品和复检备份样品分别封样。

第十九条 抽样人员应当使用规范的抽样文书，详细记录抽样信息。记录保存期限不得少于2年。

现场抽样时，抽样人员应当书面告知被抽样食品生产经营者依法享有的权利和应当承担的义务。被抽样食品生产经营者应当在食品安全抽样文书上签字或者盖章，不得拒绝或者阻挠食品安全抽样工作。

第二十条 现场抽样时，样品、抽样文书以及相关资料应当由抽样人员于5个工作日内携带或者寄送至承检机构，不得由被抽样食品生产经营者自行送样和寄送文书。因客观原因需要延长送样期限的，应当经组织抽样检验的市场监督管理部门同意。

对有特殊贮存和运输要求的样品，抽样人员应当采取相应措施，保证样品贮存、运输过程符合国家相关规定和包装标示的要求，不发生影响检验结论的变化。

第二十一条　抽样人员发现食品生产经营者涉嫌违法、生产经营的食品及原料没有合法来源或者无正当理由拒绝接受食品安全抽样的，应当报告有管辖权的市场监督管理部门进行处理。

第四章　检验与结果报送

第二十二条　食品安全抽样检验的样品由承检机构保存。

承检机构接收样品时，应当查验、记录样品的外观、状态、封条有无破损以及其他可能对检验结论产生影响的情况，并核对样品与抽样文书信息，将检验样品和复检备份样品分别加贴相应标识后，按照要求入库存放。

对抽样不规范的样品，承检机构应当拒绝接收并书面说明理由，及时向组织或者实施食品安全抽样检验的市场监督管理部门报告。

第二十三条　食品安全监督抽检应当采用食品安全标准规定的检验项目和检验方法。没有食品安全标准的，应当采用依照法律法规制定的临时限量值、临时检验方法或者补充检验方法。

风险监测、案件稽查、事故调查、应急处置等工作中，在没有前款规定的检验方法的情况下，可以采用其他检验方法分析查找食品安全问题的原因。所采用的方法应当遵循技术手段先进的原则，并取得国家或者省级市场监督管理部门同意。

第二十四条　食品安全抽样检验实行承检机构与检验人负责制。承检机构出具的食品安全检验报告应当加盖机构公章，并有检验人的签名或者盖章。承检机构和检验人对出具的食品安全检验报告负责。

承检机构应当自收到样品之日起20个工作日内出具检验报告。市场监督管理部门与承检机构另有约定的，从其约定。

未经组织实施抽样检验任务的市场监督管理部门同意，承检机构不得分包或者转包检验任务。

第二十五条　食品安全监督抽检的检验结论合格的，承检机构应当自检验结论作出之日起3个月内妥善保存复检备份样品。复检备份样品剩余保质期不足3个月的，应当保存至保质期结束。合格备份样品能合理再利用，且符合省级以上市场监督管理部门有关要求的，可不受上述保存时间限制。

检验结论不合格的，承检机构应当自检验结论作出之日起6个月内妥善保存复检备份样品。复检备份样品剩余保质期不足6个月的，应当保存至保质期结束。

第二十六条　食品安全监督抽检的检验结论合格的，承检机构应当在检验结论作出后7个工作日内将检验结论报送组织或者委托实施抽样检验的市场监督管理部门。

抽样检验结论不合格的，承检机构应当在检验结论作出后2个工作日内报告组织或者委托实施抽样检验的市场监督管理部门。

第二十七条　国家市场监督管理总局组织的食品安全监督抽检的检验结论不合格的，承检机构除按照相关要求报告外，还应当通过国家食品安全抽样检验信息系统及时通报抽样地以及标称的食品生产者住所地市场监督管理部门。

地方市场监督管理部门组织或者实施食品安全监督抽检的检验结论不合格的，抽样地与标称食品生产者住所地不在同一省级行政区域的，抽样地市场监督管理部门应当在收到不合格检验结论后通过国家食品安全抽样检验信息系统及时通报标称的食品生产者住所地同级市场监督管理部门。同一省级行政区域内不合格检验结论的通报按照抽检地省级市场监督管理部门规定的程序和时限通报。

通过网络食品交易第三方平台抽样的，除按照前两款的规定通报外，还应当同时通报网络食品交易第三方平台提供者住所地市场监督管理部门。

第二十八条 食品安全监督抽检的抽样检验结论表明不合格食品可能对身体健康和生命安全造成严重危害的，市场监督管理部门和承检机构应当按照规定立即报告或者通报。

案件稽查、事故调查、应急处置中的检验结论的通报和报告，不受本办法规定时限限制。

第二十九条 县级以上地方市场监督管理部门收到监督抽检不合格检验结论后，应当按照省级以上市场监督管理部门的规定，在 5 个工作日内将检验报告和抽样检验结果通知书送达被抽样食品生产经营者、食品集中交易市场开办者、网络食品交易第三方平台提供者，并告知其依法享有的权利和应当承担的义务。

第五章 复检和异议

第三十条 食品生产经营者对依照本办法规定实施的监督抽检检验结论有异议的，可以自收到检验结论之日起 7 个工作日内，向实施监督抽检的市场监督管理部门或者其上一级市场监督管理部门提出书面复检申请。向国家市场监督管理总局提出复检申请的，国家市场监督管理总局可以委托复检申请人住所地省级市场监督管理部门负责办理。逾期未提出的，不予受理。

第三十一条 有下列情形之一的，不予复检：

（一）检验结论为微生物指标不合格的；

（二）复检备份样品超过保质期的；

（三）逾期提出复检申请的；

（四）其他原因导致备份样品无法实现复检目的的；

（五）法律、法规、规章以及食品安全标准规定的不予复检的其他情形。

第三十二条 市场监督管理部门应当自收到复检申请材料之日起 5 个工作日内，出具受理或者不予受理通知书。不予受理的，应当书面说明理由。

市场监督管理部门应当自出具受理通知书之日起 5 个工作日内，在公布的复检机构名录中，遵循便捷高效原则，随机确定复检机构进行复检。复检机构不得与初检机构为同一机构。因客观原因不能及时确定复检机构的，可以延长 5 个工作日，并向申请人说明理由。

复检机构无正当理由不得拒绝复检任务，确实无法承担复检任务的，应当在 2 个工作日内向相关市场监督管理部门作出书面说明。

复检机构与复检申请人存在日常检验业务委托等利害关系的，不得接受复检申请。

第三十三条　初检机构应当自复检机构确定后 3 个工作日内，将备份样品移交至复检机构。因客观原因不能按时移交的，经受理复检的市场监督管理部门同意，可以延长 3 个工作日。复检样品的递送方式由初检机构和申请人协商确定。

复检机构接到备份样品后，应当通过拍照或者录像等方式对备份样品外包装、封条等完整性进行确认，并做好样品接收记录。复检备份样品封条、包装破坏，或者出现其他对结果判定产生影响的情况，复检机构应当及时书面报告市场监督管理部门。

第三十四条　复检机构实施复检，应当使用与初检机构一致的检验方法。实施复检时，食品安全标准对检验方法有新的规定的，从其规定。

初检机构可以派员观察复检机构的复检实施过程，复检机构应当予以配合。初检机构不得干扰复检工作。

第三十五条　复检机构应当自收到备份样品之日起 10 个工作日内，向市场监督管理部门提交复检结论。市场监督管理部门与复检机构对时限另有约定的，从其约定。复检机构出具的复检结论为最终检验结论。

市场监督管理部门应当自收到复检结论之日起 5 个工作日内，将复检结论通知申请人，并通报不合格食品生产经营者住所地市场监督管理部门。

第三十六条　复检申请人应当向复检机构先行支付复检费用。复检结论与初检结论一致的，复检费用由复检申请人承担。复检结论与初检结论不一致的，复检费用由实施监督抽检的市场监督管理部门承担。

复检费用包括检验费用和样品递送产生的相关费用。

第三十七条　在食品安全监督抽检工作中，食品生产经营者可以对其生产经营食品的抽样过程、样品真实性、检验方法、标准适用等事项依法提出异议处理申请。

对抽样过程有异议的，申请人应当在抽样完成后 7 个工作日内，向实施监督抽检的市场监督管理部门提出书面申请，并提交相关证明材料。

对样品真实性、检验方法、标准适用等事项有异议的，申请人应当自收到不合格结论通知之日起 7 个工作日内，向组织实施监督抽检的市场监督管理部门提出书面申请，并提交相关证明材料。

向国家市场监督管理总局提出异议申请的，国家市场监督管理总局可以委托申请人住所地省级市场监督管理部门负责办理。

第三十八条　异议申请材料不符合要求或者证明材料不齐全的，市场监督管理部门应当当场或者在 5 个工作日内一次告知申请人需要补正的全部内容。

市场监督管理部门应当自收到申请材料之日起 5 个工作日内，出具受理或者不予受理通知书。不予受理的，应当书面说明理由。

第三十九条　异议审核需要其他市场监督管理部门协助的，相关市场监督管理部门应当积极配合。

对抽样过程有异议的，市场监督管理部门应当自受理之日起 20 个工作日内，完成异议审核，并将审核结论书面告知申请人。

对样品真实性、检验方法、标准适用等事项有异议的，市场监督管理部门应当自受理之日起 30 个工作日内，完成异议审核，并将审核结论书面告知申请人。需商请有关部门明确检验以及判定依据相关要求的，所需时间不计算在内。

市场监督管理部门应当根据异议核查实际情况依法进行处理，并及时将异议处理申请受理情况及审核结论，通报不合格食品生产经营者住所地市场监督管理部门。

第六章 核查处置及信息发布

第四十条 食品生产经营者收到监督抽检不合格检验结论后，应当立即采取封存不合格食品，暂停生产、经营不合格食品，通知相关生产经营者和消费者，召回已上市销售的不合格食品等风险控制措施，排查不合格原因并进行整改，及时向住所地市场监督管理部门报告处理情况，积极配合市场监督管理部门的调查处理，不得拒绝、逃避。

在复检和异议期间，食品生产经营者不得停止履行前款规定的义务。食品生产经营者未主动履行的，市场监督管理部门应当责令其履行。

在国家利益、公共利益需要时，或者为处置重大食品安全突发事件，经省级以上市场监督管理部门同意，可以由省级以上市场监督管理部门组织调查分析或者再次抽样检验，查明不合格原因。

第四十一条 食品安全风险监测结果表明存在食品安全隐患的，省级以上市场监督管理部门应当组织相关领域专家进一步调查和分析研判，确认有必要通知相关食品生产经营者的，应当及时通知。

接到通知的食品生产经营者应当立即进行自查，发现食品不符合食品安全标准或者有证据证明可能危害人体健康的，应当依照《中华人民共和国食品安全法》第六十三条的规定停止生产、经营，实施食品召回，并报告相关情况。

食品生产经营者未主动履行前款规定义务的，市场监督管理部门应当责令其履行，并可以对食品生产经营者的法定代表人或者主要负责人进行责任约谈。

第四十二条 食品经营者收到监督抽检不合格检验结论后，应当按照国家市场监督管理总局的规定在被抽检经营场所显著位置公示相关不合格产品信息。

第四十三条 市场监督管理部门收到监督抽检不合格检验结论后，应当及时启动核查处置工作，督促食品生产经营者履行法定义务，依法开展调查处理。必要时，上级市场监督管理部门可以直接组织调查处理。

县级以上地方市场监督管理部门组织的监督抽检，检验结论表明不合格食品含有违法添加的非食用物质，或者存在致病性微生物、农药残留、兽药残留、生物毒素、重金属以及其他危害人体健康的物质严重超出标准限量等情形的，应当依法及时处理并逐级报告至国家市场监督管理总局。

第四十四条 调查中发现涉及其他部门职责的，应当将有关信息通报相关职能部门。有委托生产情形的，受托方食品生产者住所地市场监督管理部门在开展核查处置的同时，还应当通报委托方食品生产经营者住所地市场监督管理部门。

第四十五条 市场监督管理部门应当在90日内完成不合格食品的核查处置工作。需要延长办理期限的，应当书面报请负责核查处置的市场监督管理部门负责人批准。

第四十六条 市场监督管理部门应当通过政府网站等媒体及时向社会公开监督抽检结果和不合格食品核查处置的相关信息，并按照要求将相关信息记入食品生产经营者信用档案。

市场监督管理部门公布食品安全监督抽检不合格信息，包括被抽检食品名称、规格、商标、生产日期或者批号、不合格项目，标称的生产者名称、地址，以及被抽样单位名称、地址等。

可能对公共利益产生重大影响的食品安全监督抽检信息，市场监督管理部门应当在信息公布前加强分析研判，科学、准确公布信息，必要时，应当通报相关部门并报告同级人民政府或者上级市场监督管理部门。

任何单位和个人不得擅自发布、泄露市场监督管理部门组织的食品安全监督抽检信息。

第七章　法律责任

第四十七条　食品生产经营者违反本办法的规定，无正当理由拒绝、阻挠或者干涉食品安全抽样检验、风险监测和调查处理的，由县级以上人民政府市场监督管理部门依照食品安全法第一百三十三条第一款的规定处罚；违反治安管理处罚法有关规定的，由市场监督管理部门依法移交公安机关处理。

食品生产经营者违反本办法第三十七条的规定，提供虚假证明材料的，由市场监督管理部门给予警告，并处 1 万元以上 3 万元以下罚款。

违反本办法第四十二条的规定，食品经营者未按规定公示相关不合格产品信息的，由市场监督管理部门责令改正；拒不改正的，给予警告，并处 2 000 元以上 3 万元以下罚款。

第四十八条　违反本办法第四十条、第四十一条的规定，经市场监督管理部门责令履行后，食品生产经营者仍拒不召回或者停止经营的，由县级以上人民政府市场监督管理部门依照食品安全法第一百二十四条第一款的规定处罚。

第四十九条　市场监督管理部门应当依法将食品生产经营者受到的行政处罚等信息归集至国家企业信用信息公示系统，记于食品生产经营者名下并向社会公示。对存在严重违法失信行为的，按照规定实施联合惩戒。

第五十条　有下列情形之一的，市场监督管理部门应当按照有关规定依法处理并向社会公布；构成犯罪的，依法移送司法机关处理。

（一）调换样品、伪造检验数据或者出具虚假检验报告的；

（二）利用抽样检验工作之便牟取不正当利益的；

（三）违反规定事先通知被抽检食品生产经营者的；

（四）擅自发布食品安全抽样检验信息的；

（五）未按照规定的时限和程序报告不合格检验结论，造成严重后果的；

（六）有其他违法行为的。

有前款规定的第（一）项情形的，市场监督管理部门终身不得委托其承担抽样检验任务；有前款规定的第（一）项以外其他情形的，市场监督管理部门 5 年内不得委托其承担抽样检验任务。

复检机构有第一款规定的情形，或者无正当理由拒绝承担复检任务的，由县级以上人民政府市场监督管理部门给予警告；无正当理由 1 年内 2 次拒绝承担复检任务的，由国务院市场监督管理部门商有关部门撤销其复检机构资质并向社会公布。

第五十一条　市场监督管理部门及其工作人员有违反法律、法规以及本办法规定和有关纪律要求的，应当依据食品安全法和相关规定，对直接负责的主管人员和其他直接责任人员，给予相应的处分；构成犯罪的，依法移送司法机关处理。

第八章 附 则

第五十二条 本办法所称监督抽检是指市场监督管理部门按照法定程序和食品安全标准等规定，以排查风险为目的，对食品组织的抽样、检验、复检、处理等活动。

本办法所称风险监测是指市场监督管理部门对没有食品安全标准的风险因素，开展监测、分析、处理的活动。

第五十三条 市场监督管理部门可以参照本办法的有关规定组织开展评价性抽检。

评价性抽检是指依据法定程序和食品安全标准等规定开展抽样检验，对市场上食品总体安全状况进行评估的活动。

第五十四条 食品添加剂的检验，适用本办法有关食品检验的规定。

餐饮食品、食用农产品进入食品生产经营环节的抽样检验以及保质期短的食品、节令性食品的抽样检验，参照本办法执行。

市场监督管理部门可以参照本办法关于网络食品安全监督抽检的规定对自动售卖机、无人超市等没有实际经营人员的食品经营者组织实施抽样检验。

第五十五条 承检机构制作的电子检验报告与出具的书面检验报告具有同等法律效力。

第五十六条 本办法自 2019 年 10 月 1 日起施行。

食品安全监督抽检实施细则(节选)

（2023 年版）

目 录

一、粮食加工品

1　小麦粉

1.1　适用范围

本细则适用于小麦粉食品安全监督抽检。

1.2　产品种类

小麦粉分为通用小麦粉和专用小麦粉。

通用小麦粉包括标准粉、普通粉、精制粉、高筋小麦粉、低筋小麦粉、全麦粉、特制一等小麦粉、特制二等小麦粉等。

专用小麦粉包括面包用小麦粉、面条用小麦粉、饺子用小麦粉、馒头用小麦粉、发酵饼干用小麦粉、酥性饼干用小麦粉、蛋糕用小麦粉、糕点用小麦粉、自发小麦粉、专用全麦粉、小麦胚（胚片、胚粉）、营养强化小麦粉等。

1.3　检验依据

下列文件凡是注明日期的，其随后所有的修改单或修订版均不适用于本细则。凡是不注明日期的，其最新版本适用于本细则。

GB 2760 食品安全国家标准 食品添加剂使用标准

GB 2761 食品安全国家标准 食品中真菌毒素限量

GB 2762 食品安全国家标准 食品中污染物限量

GB 5009.15 食品安全国家标准 食品中镉的测定

GB 5009.22 食品安全国家标准 食品中黄曲霉毒素 B 族和 G 族的测定

GB 5009.27 食品安全国家标准 食品中苯并(a)芘的测定

GB 5009.96 食品安全国家标准 食品中赭曲霉毒素 A 的测定

GB 5009.111 食品安全国家标准 食品中脱氧雪腐镰刀菌烯醇及其乙酰化衍生物的测定

GB 5009.209 食品安全国家标准 食品中玉米赤霉烯酮的测定

GB 5009.283 食品安全国家标准 食品中偶氮甲酰胺的测定

GB/T 22325 小麦粉中过氧化苯甲酰的测定 高效液相色谱法

卫生部公告〔2011〕第 4 号 卫生部等 7 部门关于撤销食品添加剂过氧化苯甲酰、过氧化钙的公告

产品明示标准和质量要求

相关的法律法规、部门规章和规定

1.4　抽样

1.4.1　抽样型号或规格

预包装食品或非定量包装食品、无包装食品。

1.4.2　抽样方法及数量

生产环节抽样时，在企业的成品库房，从同一批次样品堆的不同部位抽取相应数量的样品。抽取样品量不少于 2 个独立包装，总量不少于 3 kg。

流通环节抽样时，在货架、柜台、库房或网络食品经营平台抽取同一批次待销产品，抽取样品量原则上同生产环节。

餐饮环节抽样时，抽取同一批次待销或使用的产品，应抽取完整包装产品，抽取样品量原则上同生产环节。

抽取大包装食品(净含量≥5 kg)时可进行分装取样。生产环节从同一批次 2 个或 2 个以上完整大包装中扦取样品，流通环节和餐饮环节从 1 个或同一批次 1 个以上完整大包装中扦取样品，扦取的样品混合均匀，抽取样品量不少于 3 kg。

抽取无包装食品时，从盛装容器不同部位采集适量样品混合成所抽取样品，样品量不少于 3 kg。

所抽取样品分成 2 份，约 1/2 为检验样品，约 1/2 为复检备份样品(备份样品不少于 1 kg，封存在承检机构)。

抽取样品量、检验及复检备份所需样品量可根据检验和复检需要适量调整。

注：在本细则的规定中，检验机构在检验过程中自行对检验结果进行复验时所采用的样品，应为抽取的检验样品，不得采用复检备份样品。

1.4.3　抽样单

应按有关规定填写抽样单，并记录所抽产品及生产经营企业相关信息。

1.4.4　封样和样品运输、贮存

抽样完成后由抽样人与被抽样单位在抽样单和封条上签字、盖章，当场封样，检验样

品、备份样品分别封样。为保证样品的真实性，应有相应的防拆封措施，并保证封条在运输过程中不会破损。样品的运输、贮存应采取有效的防护措施，符合产品明示要求或产品实际需要的条件要求。

在网络食品经营平台抽样时，抽样单和封条无须被抽样单位签字、盖章。

1.5　检验要求

小麦粉检验项目见表 1-1。

表 1-1　小麦粉检验项目

序号	检验项目	依据法律法规或标准	检测方法
1	镉（以 Cd 计）	GB 2762	GB 5009.15
2	苯并[a]芘	GB 2762	GB 5009.27
3	玉米赤霉烯酮	GB 2761	GB 5009.209
4	脱氧雪腐镰刀菌烯醇	GB 2761	GB 5009.111
5	赭曲霉毒素 A	GB 2761	GB 5009.96
6	黄曲霉毒素 B_1	GB 2761	GB 5009.22
7	偶氮甲酰胺	GB 2760	GB 5009.283
8	过氧化苯甲酰	卫生部公告〔2011〕第 4 号	GB/T 22325

1.6　判定原则与结论

原则上按照细则中检验项目依据的法律法规或标准要求判定，若被检产品明示标准和质量要求高于该要求时，应按被检产品明示标准和质量要求判定。若所检项目既不符合食品安全标准，又不符合产品明示标准或质量要求时，应在检验结论中同时体现。

出具抽检检验报告，检验报告中检验结论按如下方式作出判定：

1.6.1　检验项目全部符合相应依据的法律法规或标准要求的，检验结论为"经抽样检验，所检项目符合××××要求"。

1.6.2　检验项目有不符合相应依据的法律法规或标准要求的，检验结论为"经抽样检验，××项目不符合××××要求，检验结论为不合格"。

1.6.3　检验项目既不符合食品安全标准，又不符合产品明示标准或质量要求时，检验结论为"经抽样检验，××项目不符合××××（食品安全标准）要求、××××（产品明示标准或质量要求）要求，检验结论为不合格"。

2　大米

2.1　适用范围

本细则适用于大米食品安全监督抽检。

2.2　产品种类

大米产品包括大米（籼米、粳米、糯米）、糙米、留胚米、蒸谷米、发芽糙米等，不包括黑米、紫米、红线米等色稻米。

2.3　检验依据

下列文件凡是注明日期的，其随后所有的修改单或修订版均不适用于本细则。凡是不注明日期的，其最新版本适用于本细则。

GB 2761 食品安全国家标准　食品中真菌毒素限量

GB 2762 食品安全国家标准 食品中污染物限量

GB 5009.11 食品安全国家标准 食品中总砷及无机砷的测定

GB 5009.12 食品安全国家标准 食品中铅的测定

GB 5009.15 食品安全国家标准 食品中镉的测定

GB 5009.22 食品安全国家标准 食品中黄曲霉毒素 B 族和 G 族的测定

GB 5009.27 食品安全国家标准 食品中苯并(a)芘的测定

产品明示标准和质量要求相关的法律法规、部门规章和规定

2.4 抽样

2.4.1 抽样型号或规格

预包装食品或非定量包装食品、无包装食品。

2.4.2 抽样方法及数量

生产环节抽样时，在企业的成品库房，从同一批次样品堆的不同部位抽取相应数量的样品。抽取样品量不少于 2 个独立包装，总量不少于 3 kg。

流通环节抽样时，在货架、柜台、库房或网络食品经营平台抽取同一批次待销产品，抽取样品量原则上同生产环节。

餐饮环节抽样时，抽取同一批次待销或使用的产品，应抽取完整包装产品，抽取样品量原则上同生产环节。

抽取大包装食品(净含量≥5 kg)时可进行分装取样。生产环节从同一批次 2 个或 2 个以上完整大包装中扦取样品，流通环节和餐饮环节从 1 个或同一批次 1 个以上完整大包装中扦取样品，扦取的样品混合均匀，抽取样品量不少于 3 kg。

抽取无包装食品时，从盛装容器不同部位采集适量样品混合成所抽取样品，样品量不少于 3 kg。

所抽取样品分成 2 份，约 1/2 为检验样品，约 1/2 为复检备份样品(备份样品不少于 1 kg，封存在承检机构)。

抽取样品量、检验及复检备份所需样品量可根据检验和复检需要适量调整。

注：在本细则的规定中，检验机构在检验过程中自行对检验结果进行复验时所采用的样品，应为抽取的检验样品，不得采用复检备份样品。

2.4.3 抽样单

应按有关规定填写抽样单，并记录所抽产品及生产经营企业相关信息。

2.4.4 封样和样品运输、贮存

抽样完成后由抽样人与被抽样单位在抽样单和封条上签字、盖章，当场封样，检验样品、备份样品分别封样。为保证样品的真实性，应有相应的防拆封措施，并保证封条在运输过程中不会破损。样品的运输、贮存，应采取有效的防护措施，符合产品明示要求或产品实际需要的条件要求。

在网络食品经营平台抽样时，抽样单和封条无须被抽样单位签字、盖章。

2.5 检验要求

大米检验项目见表 1-2。

2.6 判定原则与结论

原则上按照细则中检验项目依据的法律法规或标准要求判定，若被检产品明示标准和

质量要求高于该要求时，应按被检产品明示标准和质量要求判定。若所检项目既不符合食品安全标准，又不符合产品明示标准或质量要求时，应在检验结论中同时体现。

表 1-2　大米检验项目

序号	检验项目	依据法律法规或标准	检测方法
1	铅(以 Pb 计)	GB 2762	GB 5009.12
2	镉(以 Cd 计)	GB 2762	GB 5009.15
3	无机砷(以 As 计)	GB 2762	GB 5009.11
4	苯并[a]芘	GB 2762	GB 5009.27
5	黄曲霉毒素 B_1	GB 2761	GB 5009.22

出具抽检检验报告，检验报告中检验结论按如下方式作出判定：

2.6.1　检验项目全部符合相应依据的法律法规或标准要求的，检验结论为"经抽样检验，所检项目符合××××要求"。

2.6.2　检验项目有不符合相应依据的法律法规或标准要求的，检验结论为"经抽样检验，××项目不符合××××要求，检验结论为不合格"。

2.6.3　检验项目既不符合食品安全标准，又不符合产品明示标准或质量要求时，检验结论为"经抽样检验，××项目不符合××××(食品安全标准)要求、××××(产品明示标准或质量要求)要求，检验结论为不合格"。

3　挂面

3.1　适用范围

本细则适用于挂面食品安全监督抽检。

3.2　产品种类

挂面是以小麦粉、荞麦粉、高粱粉等为主要原料，添加食盐、碳酸钠或面质改良剂或其他辅料，经机械加工或手工加工、悬挂烘干或晾晒制成的干面条，包括普通挂面、花色挂面和手工面等。

普通挂面是以小麦粉为原料，以水、食用盐(或不添加)、碳酸钠(或不添加)为辅料，经过和面、压片、切条、悬挂干燥等工序加工而成的产品。

花色挂面是在小麦粉的基础上，添加了禽蛋、蔬菜、水果或其他粮食等原料，经过和面、压片、切条、悬挂干燥等工序加工而成的产品。

手工面是以小麦粉等为主要原料，添加品质改良剂和植物油，经手工加工、晾晒或烘干制成的干面条。

3.3　检验依据

下列文件凡是注明日期的，其随后所有的修改单或修订版均不适用于本细则。凡是不注明日期的，其最新版本适用于本细则。

GB 2760 食品安全国家标准 食品添加剂使用标准

GB 2761 食品安全国家标准 食品中真菌毒素限量

GB 2762 食品安全国家标准 食品中污染物限量

GB 5009.12 食品安全国家标准 食品中铅的测定

GB 5009.22 食品安全国家标准 食品中黄曲霉毒素 B 族和 G 族的测定

GB 5009.121 食品安全国家标准 食品中脱氢乙酸的测定

产品明示标准和质量要求

相关的法律法规、部门规章和规定

3.4 抽样

3.4.1 抽样型号或规格

预包装食品或非定量包装食品、无包装食品。

3.4.2 抽样方法及数量

生产环节抽样时，在企业的成品库房，从同一批次样品堆的不同部位抽取相应数量的样品。配料中含玉米（粉）的挂面抽取样品量不少于 2 个独立包装，总量不少于 2 kg；其他挂面抽取样品量不少于 2 个独立包装，总量不少于 500 g。

流通环节抽样时，在货架、柜台、库房或网络食品经营平台抽取同一批次待销产品，抽取样品量原则上同生产环节。

餐饮环节抽样时，抽取同一批次待销或使用的产品，应抽取完整包装产品，抽取样品量原则上同生产环节。

抽取无包装食品时，从盛装容器不同部位采集适量样品混合成所抽取样品，配料中含玉米（粉）的挂面抽取样品量不少于 2 kg；其他挂面抽取样品量不少于 500 g。

所抽取样品分成 2 份，约 1/2 为检验样品，约 1/2 为复检备份样品（其中配料中含玉米（粉）的挂面备份样品不少于 1 kg）（备份样品封存在承检机构）。

抽取样品量、检验及复检备份所需样品量可根据检验和复检需要适量调整。

注：在本细则的规定中，检验机构在检验过程中自行对检验结果进行复验时所采用的样品，应为抽取的检验样品，不得采用复检备份样品。

3.4.3 抽样单

应按有关规定填写抽样单，并记录所抽产品及生产经营企业相关信息。

3.4.4 封样和样品运输、贮存

抽样完成后由抽样人与被抽样单位在抽样单和封条上签字、盖章，当场封样，检验样品、备份样品分别封样。为保证样品的真实性，应有相应的防拆封措施，并保证封条在运输过程中不会破损。样品的运输、贮存，应采取有效的防护措施，符合产品明示要求或产品实际需要的条件要求。

在网络食品经营平台抽样时，抽样单和封条无须被抽样单位签字、盖章。

3.5 检验要求

挂面检验项目见表 1-3。

表 1-3 挂面检验项目

序号	检验项目	依据法律法规或标准	检测方法
1	铅（以 Pb 计）	GB 2762	GB 5009.12
2	黄曲霉毒素 B_1 [a]	GB 2761	GB 5009.22
3	脱氢乙酸及其钠盐（以脱氢乙酸计）	GB 2760	GB 5009.121
注：a. 限配料中含玉米（粉）的挂面检测			

3.6 判定原则与结论

原则上按照细则中检验项目依据的法律法规或标准要求判定，若被检产品明示标准和质量要求高于该要求时，应按被检产品明示标准和质量要求判定。若所检项目既不符合食品安全标准，又不符合产品明示标准或质量要求时，应在检验结论中同时体现。

出具抽检检验报告，检验报告中检验结论按如下方式作出判定：

3.6.1 检验项目全部符合相应依据的法律法规或标准要求的，检验结论为"经抽样检验，所检项目符合××××要求"。

3.6.2 检验项目有不符合相应依据的法律法规或标准要求的，检验结论为"经抽样检验，××项目不符合××××要求，检验结论为不合格"。

3.6.3 检验项目既不符合食品安全标准，又不符合产品明示标准或质量要求时，检验结论为"经抽样检验，××项目不符合××××（食品安全标准）要求、××××（产品明示标准或质量要求）要求，检验结论为不合格"。

4 其他粮食加工品

4.1 适用范围

本细则适用于其他粮食加工品食品安全监督抽检。

4.2 产品种类

其他粮食加工品包括谷物加工品、谷物碾磨加工品和谷物粉类制成品。

4.2.1 谷物加工品

谷物加工品是指以谷物为原料经清理、脱壳、碾米（或不碾米）等工艺加工的粮食制品，如高粱米、黍米、稷米、小米、黑米、紫米、红线米、小麦米、大麦米、裸大麦米、莜麦米（燕麦米）、荞麦米、薏仁米、八宝米类、混合杂粮类等。

4.2.2 谷物碾磨加工品

谷物碾磨加工品是指以脱壳的原粮经碾、磨、压等工艺加工的粒、粉、片状粮食制品，包括玉米粉（片、渣）、米粉和其他谷物碾磨加工品。

玉米粉（片、渣）包括玉米糁、玉米粉、玉米渣等。

米粉包括汤圆粉（糯米粉）、大米粉等。

其他谷物碾磨加工品包括燕麦片、豆粉类（绿豆粉、黄豆粉、红豆粉、黑豆粉、豌豆粉、芸豆粉、蚕豆粉等）、莜麦粉、小米粉、高粱粉、荞麦粉、大麦粉、青稞粉、黍米粉（大黄米粉）、稷米粉（糜子面）、杂面粉、混合杂粮粉等。

4.2.3 谷物粉类制成品

谷物粉类制成品是指以谷物碾磨粉为主要原料，添加（或不添加）辅料，按不同生产工艺加工制作的食品，包括生湿面制品、发酵面制品、米粉制品和其他谷物粉类制成品。

生湿面制品是以小麦粉和/或其他谷物粉、水为主要原料，添加或不添加辅料，经机制或手工按照不同生产工艺加工制成的各种形状的非即食面制品，如生切面、饺子皮、馄饨皮、烧麦皮、鲜面条等。

发酵面制品是以小麦粉为主要原料，添加或不添加辅料，经发酵工艺制成的面制品，如馒头、包子、发酵面团、花卷等。

米粉制品是以大米为主要原料，加水浸泡、制浆、压条或挤压等加工工序制成的条状、丝状、块状、片状等不同形状的制品，如年糕、糍粑、米线、（广西）米粉等。

其他谷物粉类制成品是指除生湿面制品、发酵面制品和米粉制品以外的谷物粉类制成品，如生干面制品(面叶、面片、蝴蝶面等)、面糊、裹粉、煎炸粉、意大利面等。

4.3 检验依据

下列文件凡是注明日期的，其随后所有的修改单或修订版均不适用于本细则。凡是不注明日期的，其最新版本适用于本细则。

GB 2760 食品安全国家标准 食品添加剂使用标准

GB 2761 食品安全国家标准 食品中真菌毒素限量

GB 2762 食品安全国家标准 食品中污染物限量

GB 4789.2 食品安全国家标准 食品微生物学检验 菌落总数测定

GB 4789.3 食品安全国家标准 食品微生物学检验 大肠菌群计数

GB/T 4789.3—2003 食品卫生微生物学检验 大肠菌群测定

GB 4789.4 食品安全国家标准 食品微生物学检验 沙门氏菌检验

GB 4789.10 食品安全国家标准 食品微生物学检验 金黄色葡萄球菌检验

GB 5009.11 食品安全国家标准 食品中总砷及无机砷的测定

GB 5009.12 食品安全国家标准 食品中铅的测定

GB 5009.15 食品安全国家标准 食品中镉的测定

GB 5009.17 食品安全国家标准 食品中总汞及有机汞的测定

GB 5009.22 食品安全国家标准 食品中黄曲霉毒素 B 族和 G 族的测定

GB 5009.27 食品安全国家标准 食品中苯并(a)芘的测定

GB 5009.28 食品安全国家标准 食品中苯甲酸、山梨酸和糖精钠的测定

GB 5009.34 食品安全国家标准 食品中二氧化硫的测定

GB 5009.96 食品安全国家标准 食品中赭曲霉毒素 A 的测定

GB 5009.121 食品安全国家标准 食品中脱氢乙酸的测定

GB 5009.123 食品安全国家标准 食品中铬的测定

GB 5009.209 食品安全国家标准 食品中玉米赤霉烯酮的测定

GB 31607 食品安全国家标准 散装即食食品中致病菌限量

产品明示标准和质量要求

相关的法律法规、部门规章和规定

4.4 抽样

4.4.1 抽样型号或规格

预包装食品或非定量包装食品、无包装食品。

4.4.2 抽样方法及数量

4.4.2.1 谷物加工品

生产环节抽样时，在企业的成品库房，从同一批次样品堆的不同部位抽取相应数量的样品。抽取样品量不少于 2 个独立包装，总量不少于 3 kg。

流通环节抽样时，在货架、柜台、库房或网络食品经营平台抽取同一批次待销产品，抽取样品量原则上同生产环节。

餐饮环节抽样时，抽取同一批次待销或使用的产品，应抽取完整包装产品，抽取样品量原则上同生产环节。

抽取大包装食品(净含量≥5 kg)时可进行分装取样。生产环节从同一批次 2 个或 2 个以上完整大包装中扦取样品，流通环节和餐饮环节从 1 个或同一批次 1 个以上完整大包装中扦取样品，扦取的样品混合均匀，抽取样品量不少于 3 kg。

抽取无包装食品时，从盛装容器不同部位采集适量样品混合成所抽取样品，样品量不少于 3 kg。

所抽取样品分成 2 份，约 1/2 为检验样品，约 1/2 为复检备份样品(备份样品不少于 1 kg，封存在承检机构)。

抽取样品量、检验及复检备份所需样品量可根据检验和复检需要适量调整。

4.4.2.2　谷物碾磨加工品

生产环节抽样时，在企业的成品库房，从同一批次样品堆的不同部位抽取相应数量的样品。抽取样品量不少于 2 个独立包装，玉米粉(片、渣)总量不少于 3 kg，米粉、其他谷物碾磨加工品总量不少于 1 kg。

流通环节抽样时，在货架、柜台、库房或网络食品经营平台抽取同一批次待销产品，抽取样品量原则上同生产环节。

餐饮环节抽样时，抽取同一批次待销或使用的产品，应抽取完整包装产品，抽取样品量原则上同生产环节。

抽取大包装食品(净含量≥5 kg)时可进行分装取样。生产环节从同一批次 2 个或 2 个以上完整大包装中扦取样品，流通环节和餐饮环节从 1 个或同一批次 1 个以上完整大包装中扦取样品，扦取的样品混合均匀，玉米粉(片、渣)抽取样品量不少于 3 kg，米粉、其他谷物碾磨加工品抽取样品量不少于 1 kg。

抽取无包装食品时，从盛装容器不同部位采集适量样品混合成所抽取样品，玉米粉(片、渣)抽取样品量不少于 3 kg，米粉、其他谷物碾磨加工品抽取样品量不少于 1 kg。

所抽取样品分成 2 份，约 1/2 为检验样品，约 1/2 为复检备份样品(其中玉米粉(片、渣)备份样品不少于 1 kg)(备份样品封存在承检机构)。

抽取样品量、检验及复检备份所需样品量可根据检验和复检需要适量调整。

4.4.2.3　谷物粉类制成品

(1)生湿面制品

生产环节抽样时，在企业的成品库房，从同一批次样品堆的不同部位抽取相应数量的样品。抽取样品量不少于 4 个独立包装，总量不少于 1.2 kg。

流通环节抽样时，在货架、柜台、库房或网络食品经营平台抽取同一批次待销产品，抽取样品量原则上同生产环节。

餐饮环节抽样时，抽取同一批次待销或使用的产品，应抽取完整包装产品，抽取样品量原则上同生产环节。

抽取大包装食品(净含量≥5 kg)时可进行分装取样。生产环节从同一批次 2 个或 2 个以上完整大包装中分装取样，流通环节和餐饮环节从 1 个或同一批次 1 个以上完整大包装中分装取样，抽取样品量不少于 1.2 kg。

抽取无包装食品时，从盛装容器不同部位采集适量样品混合成所抽取样品，样品量不少于 1.2 kg。

所抽取样品分成 2 份，约 1/2 为检验样品，约 1/2 为复检备份样品(备份样品不少于

600 g，封存在承检机构）。

抽取样品量、检验及复检备份所需样品量可根据检验和复检需要适量调整。

（2）米粉制品

生产环节抽样时，在企业的成品库房，从同一批次样品堆的不同部位抽取相应数量的样品。抽取样品量不少于 8 个独立包装，总量不少于 2.4 kg。

流通环节抽样时，在货架、柜台、库房或网络食品经营平台抽取同一批次待销产品，抽取样品量原则上同生产环节。

餐饮环节抽样时，抽取同一批次待销或使用的产品，应抽取完整包装产品，抽取样品量原则上同生产环节。

抽取大包装食品（净含量≥5 kg）时可进行分装取样，生产环节分装时应采取措施防止微生物污染，分装的样品盛装于被抽样单位用于销售的包装或清洁卫生的容器中，抽取的样品量不少于 8 个包装，且每个包装不少于 300 g。流通环节和餐饮环节从 1 个或同一批次1 个以上完整大包装中分装取样，抽取样品量不少于 1.2 kg。

抽取无包装食品时，从盛装容器不同部位采集适量样品混合成所抽取样品，抽取样品量不少于 1.2 kg。

所抽取样品分成 2 份，抽取样品量为 8 个包装的，约 3/4 为检验样品，约 1/4 为复检备份样品；其他情况约 1/2 为检验样品，约 1/2 为复检备份样品（备份样品不少于 600 g，封存在承检机构）。

抽取样品量、检验及复检备份所需样品量可根据检验和复检需要适量调整。

（3）其他类型产品

生产环节抽样时，在企业的成品库房，从同一批次样品堆的不同部位抽取相应数量的样品。发酵面制品、其他谷物粉类制成品（玉米制品除外）抽取样品量不少于 8 个独立包装，总量不少于 1.6 kg；其他谷物粉类制成品（玉米制品）抽取样品量不少于 8 个独立包装，总量不少于 4 kg。

流通环节抽样时，在货架、柜台、库房或网络食品经营平台抽取同一批次待销产品，抽取样品量原则上同生产环节。

餐饮环节抽样时，抽取同一批次待销或使用的产品，应抽取完整包装产品，抽取样品量原则上同生产环节。

抽取大包装食品（净含量≥5 kg）时可进行分装取样，生产环节分装时应采取措施防止微生物污染，分装的样品盛装于被抽样单位用于销售的包装或清洁卫生的容器中，发酵面制品、其他谷物粉类制成品（玉米制品除外）抽取的样品量不少于 8 个包装，且每个包装不少于 200 g，其他谷物粉类制成品（玉米制品）抽取样品量不少于 8 个包装，且每个包装不少于 500 g。流通环节和餐饮环节从 1 个或同一批次 1 个以上完整大包装中分装取样，发酵面制品、其他谷物粉类制成品（玉米制品除外）抽取样品量不少于 500 g，其他谷物粉类制成品（玉米制品）抽取样品量不少于 2 kg。

抽取无包装食品时，从盛装容器不同部位采集适量样品混合成所抽取样品，发酵面制品、其他谷物粉类制成品（玉米制品除外）抽取样品量不少于 500 g，其他谷物粉类制成品（玉米制品）抽取样品量不少于 2 kg。

所抽取样品分成 2 份，抽取样品量为 8 个包装的，约 3/4 为检验，约 1/4 为复检备份样品；其他情况约 1/2 为检验样品，约 1/2 为复检备份样品(其中其他谷物粉类制成品(玉米制品)备份样品不少于 1 kg)(备份样品封存在承检机构)。

抽取样品量、检验及复检备份所需样品量可根据检验和复检需要适量调整。

注：在本细则的规定中，检验机构在检验过程中自行对检验结果进行复验时所采用的样品，应为抽取的检验样品，不得采用复检备份样品。

4.4.3 抽样单

应按有关规定填写抽样单，并记录所抽产品及生产经营企业相关信息。

4.4.4 封样和样品运输、贮存

抽样完成后由抽样人与被抽样单位在抽样单和封条上签字、盖章，当场封样，检验样品、备份样品分别封样。为保证样品的真实性，应有相应的防拆封措施，并保证封条在运输过程中不会破损。样品的运输、贮存，应采取有效的防护措施，符合产品明示要求或产品实际需要的条件要求。

在网络食品经营平台抽样时，抽样单和封条无须被抽样单位签字、盖章。

4.5 检验要求

4.5.1 检验项目

4.5.1.1 谷物加工品检验项目见表 1-4。

表 1-4 谷物加工品检验项目

序号	检验项目	依据法律法规或标准	检测方法
1	铅(以 Pb 计)	GB 2762	GB 5009.12
2	镉(以 Cd 计)	GB 2762	GB 5009.15
3	黄曲霉毒素 B_1	GB 2761	GB 5009.22

4.5.1.2 谷物碾磨加工品检验项目见表 1-5～表 1-7。

表 1-5 玉米粉(片、渣)检验项目

序号	检验项目	依据法律法规或标准	检测方法
1	苯并[a]芘	GB 2762	GB 5009.27
2	黄曲霉毒素 B_1	GB 2761	GB 5009.22
3	赭曲霉毒素 A	GB 2761	GB 5009.96
4	玉米赤霉烯酮	GB 2761	GB 5009.209

表 1-6 米粉检验项目

序号	检验项目	依据法律法规或标准	检测方法
1	铅(以 Pb 计)	GB 2762	GB 5009.12
2	镉(以 Cd 计)[a]	GB 2762	GB 5009.15
3	总汞(以 Hg 计)[a]	GB 2762	GB 5009.17
4	无机砷(以 As 计)[a]	GB 2762	GB 5009.11
5	苯并[a]芘[a]	GB 2762	GB 5009.27
注：a. 限 2023 年 6 月 30 日(含)之后生产的、配料仅为大米或大米粉的产品检测

表 1-7 其他谷物碾磨加工品检验项目

序号	检验项目	依据法律法规或标准	检测方法
1	铅（以 Pb 计）	GB 2762	GB 5009.12
2	铬（以 Cr 计）	GB 2762	GB 5009.123
3	赭曲霉毒素 A[a]	GB 2761	GB 5009.96
注：a. 限燕麦片、豆粉类检测			

4.5.1.3 谷物粉类制成品检验项目见表 1-8～表 1-11。

表 1-8 生湿面制品检验项目

序号	检验项目	依据法律法规或标准	检测方法
1	铅（以 Pb 计）	GB 2762	GB 5009.12
2	苯甲酸及其钠盐（以苯甲酸计）	GB 2760	GB 5009.28
3	山梨酸及其钾盐（以山梨酸计）	GB 2760	GB 5009.28
4	脱氢乙酸及其钠盐（以脱氢乙酸计）	GB 2760	GB 5009.121
5	二氧化硫残留量	GB 2760	GB 5009.34

表 1-9 发酵面制品检验项目

序号	检验项目	依据法律法规或标准	检测方法
1	苯甲酸及其钠盐（以苯甲酸计）	GB 2760	GB 5009.28
2	山梨酸及其钾盐（以山梨酸计）	GB 2760	GB 5009.28
3	脱氢乙酸及其钠盐（以脱氢乙酸计）	GB 2760	GB 5009.121
4	糖精钠（以糖精计）	GB 2760	GB 5009.28
5	菌落总数[a]	产品明示标准和质量要求	GB 4789.2
6	大肠菌群[a]	产品明示标准和质量要求	GB 4789.3 平板计数法 GB/T 4789.3—2003
7	沙门氏菌[b]	GB 31607	GB 4789.4
8	金黄色葡萄球菌[b]	GB 31607	GB 4789.10 第二法
注：a. 限产品明示标准和质量要求有限量规定时检测； 　　b. 限非定量包装的即食食品（不含餐饮服务中的食品）检测			

表 1-10 米粉制品检验项目

序号	检验项目	依据法律法规或标准	检测方法
1	苯甲酸及其钠盐（以苯甲酸计）	GB 2760	GB 5009.28
2	山梨酸及其钾盐（以山梨酸计）	GB 2760	GB 5009.28
3	脱氢乙酸及其钠盐（以脱氢乙酸计）	GB 2760	GB 5009.121
4	二氧化硫残留量	GB 2760	GB 5009.34
5	菌落总数[a]	产品明示标准和质量要求	GB 4789.2

序号	检验项目	依据法律法规或标准	检测方法
6	大肠菌群[a]	产品明示标准和质量要求	GB 4789.3 平板计数法 GB/T 4789.3—2003
7	沙门氏菌[b]	GB 31607	GB 4789.4
8	金黄色葡萄球菌[b]	GB 31607	GB 4789.10 第二法

注：a. 限产品明示标准和质量要求有限量规定时检测；
　　b. 限非定量包装的即食食品(不含餐饮服务中的食品)检测

表 1-11　其他谷物粉类制成品检验项目

序号	检验项目	依据法律法规或标准	检测方法
1	黄曲霉毒素 B[a]	GB 2761	GB 5009.22
2	苯甲酸及其钠盐(以苯甲酸计)	GB 2760	GB 5009.28
3	山梨酸及其钾盐 (以山梨酸计)	GB 2760	GB 5009.28
4	脱氢乙酸及其钠盐(以脱氢乙酸计)	GB 2760	GB 5009.121
5	菌落总数[b]	产品明示标准和质量要求	GB 4789.2
6	大肠菌群[b]	产品明示标准和质量要求	GB 4789.3 平板计数法 GB/T 4789.3—2003
7	沙门氏菌[c]	GB 31607	GB 4789.4
8	金黄色葡萄球菌[c]	GB 31607	GB 4789.10 第二法

注：a. 限玉米制品检测；
　　b. 限产品明示标准和质量要求有限量规定时检测；
　　c. 限非定量包装的即食食品(不含餐饮服务中的食品)检测

4.5.2　检验应注意事项

无包装食品、流通环节和餐饮环节从大包装中分装的样品不检测微生物。

4.6　判定原则与结论

原则上按照细则中检验项目依据的法律法规或标准要求判定，若被检产品明示标准和质量要求高于该要求时，应按被检产品明示标准和质量要求判定。若所检项目既不符合食品安全标准，又不符合产品明示标准或质量要求时，应在检验结论中同时体现。

出具抽检检验报告，检验报告中检验结论按如下方式作出判定：

4.6.1　检验项目全部符合相应依据的法律法规或标准要求的，检验结论为"经抽样检验，所检项目符合××××要求"。

4.6.2　检验项目有不符合相应依据的法律法规或标准要求的，检验结论为"经抽样检验，××项目不符合××××要求，检验结论为不合格"。

4.6.3　检验项目既不符合食品安全标准，又不符合产品明示标准或质量要求时，检验结论为"经抽样检验，××项目不符合××××(食品安全标准)要求、××××(产品明示标准或质量要求)要求，检验结论为不合格"。

二、食用油、油脂及其制品

1 食用植物油

1.1 适用范围

本细则适用于食用植物油食品安全监督抽检。

1.2 产品种类

花生油、大豆油、菜籽油、棉籽油、芝麻油、亚麻籽油、葵花籽油、油茶籽油、棕榈油、棕榈仁油、玉米油、米糠油、核桃油、红花籽油、葡萄籽油、花椒籽油、椰子油、杏仁油、食用植物调和油、橄榄油、油橄榄果渣油等各种食用植物油。

1.3 检验依据

下列文件凡是注明日期的，其随后所有的修改单或修订版均不适用于本细则。凡是不注明日期的，其最新版本适用于本细则。

GB 2716 食品安全国家标准 植物油

GB 2760 食品安全国家标准 食品添加剂使用标准

GB 2761 食品安全国家标准 食品中真菌毒素限量

GB 2762 食品安全国家标准 食品中污染物限量

GB 5009.12 食品安全国家标准 食品中铅的测定

GB 5009.22 食品安全国家标准 食品中黄曲霉毒素 B 族和 G 族的测定

GB 5009.27 食品安全国家标准 食品中苯并(a)芘的测定

GB 5009.32 食品安全国家标准 食品中 9 种抗氧化剂的测定

GB 5009.227 食品安全国家标准 食品中过氧化值的测定

GB 5009.229 食品安全国家标准 食品中酸价的测定

GB 5009.262 食品安全国家标准 食品中溶剂残留量的测定

BJS 201708 食用植物油中乙基麦芽酚的测定

GB/T 1534 花生油

GB/T 1535 大豆油

GB/T 1536 菜籽油

GB/T 1537 棉籽油

GB/T 8233 芝麻油

GB/T 8235 亚麻籽油

GB/T 10464 葵花籽油

GB/T 11765 油茶籽油

GB/T 15680 棕榈油

GB/T 18009 棕榈仁油

GB/T 19111 玉米油

GB/T 19112 米糠油

GB/T 22327 核桃油

GB/T 22465 红花籽油

GB/T 22478　葡萄籽油

GB/T 22479　花椒籽油

GB/T 23347　橄榄油、油橄榄果渣油

GB/T 35026　茶叶籽油

GB/T 37748　元宝枫籽油

GB/T 40622　牡丹籽油

GB/T 40851　食用调和油

SB/T 10292　食用调和油

NY/T 230　椰子油

LS/T 3242　牡丹籽油

LS/T 3251　小麦胚油

LS/T 3254　紫苏籽油

LS/T 3261　盐肤木果油

LS/T 3262　食用橡胶籽油

LS/T 3263　盐地碱蓬籽油

LS/T 3264　美藤果油

LS/T 3265　文冠果油

产品明示标准和质量要求

相关的法律法规、部门规章和规定

1.4　抽样

1.4.1　抽样型号或规格

预包装食品或散装食品。

1.4.2　抽样方法、抽样数量

生产环节抽样时，在企业的成品库房，花生油、玉米油小包装产品[净含量<25 L(kg)]，从同一批次样品堆的不同部位抽取适当数量的样品，抽样数量约 3 L(kg)，且不少于 6 个独立包装；大包装产品[净含量≥25 L(kg)]，从同一批次样品堆抽取 3 个完整包装样品，每个包装中扦取不少于 1 L(kg)样品盛装于清洁干燥的样品容器内混合均匀。其他品种油小包装产品[净含量<25 L(kg)]，从同一批次样品堆的不同部位抽取适当数量的样品，抽样数量约 3 L(kg)，且不少于 2 个独立包装；大包装产品[净含量≥25 L(kg)]，从同一批次样品堆 2 个完整包装样品中扦取约 3 L(kg)样品，盛装于清洁干燥的样品容器内混合均匀。

流通环节抽样时，在货架、柜台、库房或网络食品经营平台抽取同一批次待销产品，抽取样品量原则上同生产环节。餐饮环节抽样时，抽取同一批次待销或使用的产品，应抽取完整包装产品，如需从大包装中抽取样品，应从完整大包装食品中扦取样品，抽取样品量原则上同生产环节。

对散装食用植物油应考虑所抽样品的均匀性和代表性，从储油罐或油罐车的顶部、中部、底部不同部位取样、混匀，用清洁、卫生的容器分装成小包装并保持样品密封良好，抽取样品量原则上同预包装食品。

所抽取样品分为 2 份，约 1/2 为检验样品，约 1/2 为复检备份样品(备份样品封存在承检机构)。

抽取样品量、检验及复检备份所需样品量可根据检验和复检需要适量调整。

扦样工具、样品容器应选用合适的材质，并在使用前预先清洗和干燥，避免样品污染。

注：在本细则的规定中，检验机构在检验过程中自行对检验结果进行复验时所采用的样品，应为抽取的检验样品，不得采用复检备份样品。

1.4.3 抽样单

1.4.3.1 应按有关规定填写抽样单，并记录所抽产品及生产经营企业相关信息。

1.4.3.2 除食用植物调和油外，"备注栏"里填写产品的加工工艺类型。

1.4.4 封样和样品运输、贮存

抽样完成后由抽样人与被抽样单位在抽样单和封条上签字、盖章，当场封样，检验样品、备份样品分别封样。为保证样品的真实性，应有相应的防拆封措施，并保证封条在运输过程中不会破损。样品的运输、贮存，应采取有效的防护措施，符合产品明示要求或产品实际需要的条件要求。

在网络食品经营平台抽样时，抽样单和封条无须被抽样单位签字、盖章。

1.5 检验要求

食用植物油检验项目见表 2-1。

表 2-1 食用植物油检验项目

序号	检验项目	依据法律法规或标准	检测方法
1	酸值/酸价	GB 2716 产品明示标准和质量要求	GB 5009.229
2	过氧化值	GB 2716 产品明示标准和质量要求	GB 5009.227
3	铅(以 Pb 计)	GB 2762	GB 5009.12
4	黄曲霉毒素 B_1^a	GB 2761	GB 5009.22
5	苯并[a]芘[b]	GB 2762	GB 5009.27
6	溶剂残留量[c]	GB 2716 产品明示标准和质量要求	GB 5009.262
7	特丁基对苯二酚(TBHQ)[d]	GB 2760	GB 5009.32
8	乙基麦芽酚[e]	GB 2760	BJS 201708

注：a. 限花生油、玉米油检测；
　　b. 除橄榄油、油橄榄果渣油之外的产品检测；
　　c. 除玉米油之外的产品检测；
　　d. 除芝麻油之外的产品检测；
　　e. 限菜籽油、芝麻油、含芝麻油的食用植物调和油检测

1.6 判定原则与结论

原则上按照细则中检验项目依据的法律法规或标准要求判定，若被检产品明示标准和质量要求高于该要求时，应按被检产品明示标准和质量要求判定。若所检项目既不符合食

品安全标准，又不符合产品明示标准或质量要求时，应在检验结论中同时体现。

出具抽检检验报告，检验报告中检验结论按如下方式作出判定：

1.6.1 检验项目全部符合相应依据的法律法规或标准要求的，检验结论为"经抽样检验，所检项目符合××××要求"。

1.6.2 检验项目有不符合相应依据的法律法规或标准要求的，检验结论为"经抽样检验，××项目不符合××××要求，检验结论为不合格"。

1.6.3 检验项目既不符合食品安全标准，又不符合产品明示标准或质量要求时，检验结论为"经抽样检验，××项目不符合××××（食品安全标准）要求、××××（产品明示标准或质量要求）要求，检验结论为不合格"。

2 食用动物油脂

2.1 适用范围

本细则适用于食用动物油脂食品安全监督抽检。

2.2 产品种类

食用猪油、食用牛油、食用羊油、食用鸡油、食用鸭油、鱼油。

2.3 检验依据

下列文件凡是注明日期的，其随后所有的修改单或修订版均不适用于本细则。凡是不注明日期的，其最新版本适用于本细则。

GB 2762 食品安全国家标准 食品中污染物限量

GB 5009.11 食品安全国家标准 食品中总砷及无机砷的测定

GB 5009.12 食品安全国家标准 食品中铅的测定

GB 5009.27 食品安全国家标准 食品中苯并(a)芘的测定

GB 5009.181 食品安全国家标准 食品中丙二醛的测定

GB 5009.227 食品安全国家标准 食品中过氧化值的测定

GB 5009.229 食品安全国家标准 食品中酸价的测定

GB 10146 食品安全国家标准 食用动物油脂

GB/T 8937 食用猪油

SC/T 3502 鱼油

产品明示标准和质量要求

相关的法律法规、部门规章和规定

2.4 抽样

2.4.1 抽样型号或规格

预包装食品或非定量包装的食品。

2.4.2 抽样方法、抽样数量

生产环节抽样时，在企业的成品库房，小包装产品[净含量＜5 L(kg)]，从同一批次样品堆的不同部位抽取适当数量的样品，抽样数量约 1.5 L(kg)，且不少于 3 个独立包装；大包装食品[净含量≥5 L(kg)]，从同一批次样品堆 2 个完整包装中抽取约 1.5 L(kg)样品，盛装于清洁干燥的样品容器内混合均匀。

流通环节抽样时，在货架、柜台、库房或网络食品经营平台抽取同一批次待销产品，抽取样品量原则上同生产环节。

餐饮环节抽样时，抽取同一批次待销或使用的产品，应抽取完整包装产品，如需从大包装中抽取样品，应从完整大包装食品中扦取样品，抽取样品量原则上同生产环节。

所抽取样品分为 2 份，约 2/3 为检验样品，约 1/3 为复检备份样品(备份样品封存在承检机构)。

抽取样品量、检验及复检备份所需样品量可根据检验和复检需要适量调整。

注：在本细则的规定中，检验机构在检验过程中自行对检验结果进行复验时所采用的样品，应为抽取的检验样品，不得采用复检备份样品。

2.4.3 抽样单

应按有关规定填写抽样单，并记录所抽产品及生产经营企业相关信息。

2.4.4 封样和样品运输、贮存

抽样完成后由抽样人与被抽样单位在抽样单和封条上签字、盖章，当场封样，检验样品、备份样品分别封样。为保证样品的真实性，应有相应的防拆封措施，并保证封条在运输过程中不会破损。样品的运输、贮存，应采取有效的防护措施，符合产品明示要求或产品实际需要的条件要求。

在网络食品经营平台抽样时，抽样单和封条无须被抽样单位签字、盖章。

2.5 检验要求

食用动物油脂检验项目见表 2-2。

表 2-2 食用动物油脂检验项目

序号	检验项目	依据法律法规或标准	检测方法
1	酸价[a]	GB 10146 产品明示标准和质量要求	GB 5009.229
2	过氧化值[a]	GB 10146 产品明示标准和质量要求	GB 5009.227
3	丙二醛[a]	GB 10146 产品明示标准和质量要求	GB 5009.181
4	铅(以 Pb 计)	GB 2762	GB 5009.12
5	总砷(以 As 计)	GB 2762	GB 5009.11
6	苯并[a]芘	GB 2762	GB 5009.27

注：a. 鱼油仅产品明示标准有要求的检测

2.6 判定原则与结论

原则上按照细则中检验项目依据的法律法规或标准要求判定，若被检产品明示标准和质量要求高于该要求时，应按被检产品明示标准和质量要求判定。若所检项目既不符合食品安全标准，又不符合产品明示标准或质量要求时，应在检验结论中同时体现。

出具抽检检验报告，检验报告中检验结论按如下方式作出判定：

2.6.1 检验项目全部符合相应依据的法律法规或标准要求的，检验结论为"经抽样检验，所检项目符合××××要求"。

2.6.2　检验项目有不符合相应依据的法律法规或标准要求的,检验结论为"经抽样检验,××项目不符合××××要求,检验结论为不合格"。

2.6.3　检验项目既不符合食品安全标准,又不符合产品明示标准或质量要求时,检验结论为"经抽样检验,××项目不符合××××(食品安全标准)要求、××××(产品明示标准或质量要求)要求,检验结论为不合格"。

3　食用油脂制品

3.1　适用范围

本细则适用于食用油脂制品食品安全监督抽检。

3.2　产品种类

食用油脂制品包括食用氢化油、人造奶油(人造黄油)、起酥油、代可可脂(类可可脂)、植脂奶油等(不包括粉末油脂)。

3.3　检验依据

下列文件凡是注明日期的,其随后所有的修改单或修订版均不适用于本细则。凡是不注明日期的,其最新版本适用于本细则。

GB 4789.3 食品安全国家标准 食品微生物学检验 大肠菌群计数

GB/T 4789.3—2003 食品卫生微生物学检验 大肠菌群测定

GB 4789.15 食品安全国家标准 食品微生物学检验 霉菌和酵母计数

GB 5009.12 食品安全国家标准 食品中铅的测定

GB 2762 食品安全国家标准 食品中污染物限量

GB 5009.227 食品安全国家标准 食品中过氧化值的测定

GB 5009.229 食品安全国家标准 食品中酸价的测定

GB 15196 食品安全国家标准 食用油脂制品

GB/T 38069 起酥油

LS/T 3217 人造奶油(人造黄油)

LS/T 3218 起酥油

NY 479 人造奶油

SB/T 10419 植脂奶油

产品明示标准和质量要求

相关的法律法规、部门和规定

3.4　抽样

3.4.1　抽样型号或规格

预包装食品或非定量包装的食品。

3.4.2　抽样方法、抽样数量

生产环节抽样时,在企业的成品库房,小包装产品[净含量＜5 L(kg)],从同一批次样品堆的 4 个不同部位,取出不少于 4 个独立包装的样品,约 1.5 L(kg);人造奶油(人造黄油),抽样数量不少于 8 个独立包装,约 2.L(kg)。

大包装食品(≥5 L/kg)可进行分装取样,分装时应采取措施防止微生物污染,分装的样品盛于被抽样单位用于销售的包装或清洁卫生的容器中,样品数量约 1.5 L(kg),不少于 4 个包装。人造奶油(人造黄油),样品数量不少于 8 个包装,且每个包装约 250 mL(g)。

流通环节抽样时，在货架、柜台、库房或网络食品经营平台抽取同一批次待销产品，抽取样品量原则上同生产环节。

餐饮环节抽样时，抽取同一批次待销或使用的产品，应抽取完整包装产品，抽取样品量原则上同生产环节。

流通环节和餐饮环节如需从大包装中抽取样品，可从 1 个完整大包装中进行分装取样，抽取样品分为 4 个包装，且每个包装约 250 mL(g)。

所抽取样品分为 2 份，约 3/4 为检验样品，约 1/4 为复检备份样品(备份样品封存在承检机构)。

抽取样品量、检验及复检备份所需样品量可根据检验和复检需要适量调整。

注：在本细则的规定中，检验机构在检验过程中自行对检验结果进行复验时所采用的样品，应为抽取的检验样品，不得采用复检备份样品。

3.4.3 抽样单

应按有关规定填写抽样单，并记录所抽产品及生产经营企业相关信息。

3.4.4 封样和样品运输、贮存

抽样完成后由抽样人与被抽样单位在抽样单和封条上签字、盖章，当场封样，检验样品、备份样品分别封样。为保证样品的真实性，应有相应的防拆封措施，并保证封条在运输过程中不会破损。样品的运输、贮存，应采取有效的防护措施，符合产品明示要求或产品实际需要的条件要求。

在网络食品经营平台抽样时，抽样单和封条无须被抽样单位签字、盖章。

3.5 检验要求

3.5.1 检验项目

食用油脂制品检验项目见表 2-3。

表 2-3　食用油脂制品检验项目

序号	检验项目	依据法律法规或标准	检测方法
1	酸价(以脂肪计)	GB 15196 产品明示标准和质量要求	GB 5009.229
2	过氧化值(以脂肪计)	GB 15196 产品明示标准和质量要求	GB 5009.227
3	铅(以 Pb 计)	GB 2762	GB 5009.12
4	大肠菌群[a]	GB 15196 产品明示标准和质量要求	GB 4789.3　GB/T 4789.3—2003
5	霉菌[a]	GB 15196 产品明示标准和质量要求	GB 4789.15
注：a. 限人造奶油(人造黄油)检测			

3.5.2 检验应注意事项

流通环节和餐饮环节从大包装中分装的样品不检测微生物。

3.6 判定原则与结论

原则上按照细则中检验项目依据的法律法规或标准要求判定，若被检产品明示标准和质量要求高于该要求时，应按被检产品明示标准和质量要求判定。若所检项目既不符合食品安全标准，又不符合产品明示标准或质量要求时，应在检验结论中同时体现。

出具抽检检验报告，检验报告中检验结论按如下方式作出判定：

3.6.1 检验项目全部符合相应依据的法律法规或标准要求的，检验结论为"经抽样检验，所检项目符合××××要求"。

3.6.2 检验项目有不符合相应依据的法律法规或标准要求的，检验结论为"经抽样检验，××项目不符合××××要求，检验结论为不合格"。

3.6.3 检验项目既不符合食品安全标准，又不符合产品明示标准或质量要求时，检验结论为"经抽样检验，××项目不符合××××（食品安全标准）要求、××××（产品明示标准或质量要求）要求，检验结论为不合格"。

三、调味品

1 酱油

1.1 适用范围

本细则适用于酱油食品安全监督抽检。

1.2 产品种类

酱油包括高盐稀态发酵酱油（含固稀发酵酱油）和低盐固态发酵酱油，不包括酱汁等非发酵工艺生产的产品。

1.3 检验依据

下列文件凡是注明日期的，其随后所有的修改单或修订版均不适用于本细则。凡是不注明日期的，其最新版本适用于本细则。

GB 2717 食品安全国家标准 酱油

GB 2760 食品安全国家标准 食品添加剂使用标准

GB 4789.2 食品安全国家标准 食品微生物学检验 菌落总数测定

GB 4789.3 食品安全国家标准 食品微生物学检验 大肠菌群计数

GB 5009.28 食品安全国家标准 食品中苯甲酸、山梨酸和糖精钠的测定

GB 5009.31 食品安全国家标准 食品中对羟基苯甲酸酯类的测定

GB 5009.121 食品安全国家标准 食品中脱氢乙酸的测定

GB 5009.234 食品安全国家标准 食品中铵盐的测定

GB 5009.235 食品安全国家标准 食品中氨基酸态氮的测定

GB 22255 食品安全国家标准 食品中三氯蔗糖（蔗糖素）的测定

GB/T 18186 酿造酱油

产品明示标准或质量要求

相关的法律法规、部门规章和规定

1.4 抽样

1.4.1 抽样型号或规格

预包装食品。

1.4.2　抽样方法及数量

生产环节抽样时，在企业的成品库房，从同一批次样品堆的不同部位抽取相应数量的样品。抽取样品量不少于 8 个独立包装，总量不少于 2 L。大包装食品（≥5 L）可进行分装取样，分装时应采取措施防止微生物污染，分装的样品盛装于被抽样单位用于销售的包装或清洁卫生的容器中，样品数量不少于 8 个包装，总量不少于 2 L。

流通环节抽样时，在货架、柜台、库房或网络食品经营平台抽取同一批次待销产品，抽取样品量原则上同生产环节。餐饮环节抽样时，抽取同一批次待销或使用的产品，应抽取完整包装产品，抽取样品量原则上同生产环节。

流通环节和餐饮环节如需从大包装中抽取样品，可从 1 个完整大包装中进行分装取样，抽取样品分为 4 个包装，且每个包装不少于 200 mL。

所抽取样品分成 2 份，抽取样品量为 8 个包装的，约 3/4 作为检验样品，约 1/4 作为复检备份样品；抽取样品量为 4 个包装的，约 1/2 作为检验样品，约 1/2 作为复检备份样品（备份样品封存在承检机构）。

抽取样品量、检验及复检备份所需样品量可根据检验和复检需要适量调整。

注：在本细则的规定中，检验机构在检验过程中自行对检验结果进行复验时所采用的样品，应为抽取的检验样品，不得采用复检备份样品。

1.4.3　抽样单

应按有关规定填写抽样单，并记录所抽产品及生产经营企业相关信息。

1.4.4　封样和样品运输、贮存

抽样完成后由抽样人与被抽样单位在抽样单和封条上签字、盖章，当场封样，检验样品、备份样品分别封样。为保证样品的真实性，应有相应的防拆封措施，并保证封条在运输过程中不会破损。样品的运输、贮存，应采取有效的防护措施，符合产品明示要求或产品实际需要的条件要求。

在网络食品经营平台抽样时，抽样单和封条无须被抽样单位签字、盖章。

1.5　检验要求

1.5.1　检验项目

酱油检验项目见表 3-1。

表 3-1　酱油检验项目

序号	检验项目	依据法律法规或标准	检测方法
1	氨基酸态氮	GB 2717 产品明示标准或质量要求	GB 5009.235
2	全氮（以氮计）[a]	GB/T 18186 产品明示标准或质量要求	GB/T 18186
3	铵盐 （以占氨基酸态氮的百分比计）[a]	GB/T 18186 产品明示标准或质量要求	GB 5009.234
4	苯甲酸及其钠盐（以苯甲酸计）[b]	GB 2760	GB 5009.28
5	山梨酸及其钾盐（以山梨酸计）	GB 2760	GB 5009.28
6	脱氢乙酸及其钠盐（以脱氢乙酸计）	GB 2760	GB 5009.121

续表

序号	检验项目	依据法律法规或标准	检测方法
7	对羟基苯甲酸酯类及其钠盐 （以对羟基苯甲酸计）c	GB 2760	GB 5009.31
8	防腐剂混合使用时各自用量占 其最大使用量的比例之和	GB 2760	/
9	糖精钠（以糖精计）	GB 2760	GB 5009.28
10	三氯蔗糖	GB 2760	GB 22255
11	菌落总数	GB 2717	GB 4789.2
12	大肠菌群	GB 2717	GB 4789.3平板计数法

注：a. 仅产品明示标准或质量要求有限量规定时检测；
　　b. 零添加产品需考虑发酵本底值；
　　c. 对羟基苯甲酸酯类及其钠盐项目仅包括对羟基苯甲酸甲酯钠、对羟基苯甲酸乙酯及其钠盐

1.5.2　检验应注意的问题

采用 GB 5009.234 检测"铵盐"时，需注意将检验结果转化为以氮计，再折算成占氨基酸态氮的百分比。

1.6　判定原则与结论

原则上按照细则中检验项目依据的法律法规或标准要求判定，若被检产品明示标准或质量要求高于该要求时，应按被检产品明示标准或质量要求判定。若所检项目既不符合食品安全标准，又不符合产品明示标准或质量要求时，应在检验结论中同时体现。

出具抽检检验报告，检验报告中检验结论按如下方式作出判定：

1.6.1　检验项目全部符合相应依据的法律法规或标准要求的，检验结论为"经抽样检验，所检项目符合××××要求"。

1.6.2　检验项目有不符合相应依据的法律法规或标准要求的，检验结论为"经抽样检验，××项目不符合××××要求，检验结论为不合格"。

1.6.3　检验项目既不符合食品安全标准，又不符合产品明示标准或质量要求时，检验结论为"经抽样检验，××项目不符合××××（食品安全标准）要求、××××（产品明示标准或质量要求）要求，检验结论为不合格"。

2　食醋

2.1　适用范围

本细则适用于食醋食品安全监督抽检。

2.2　产品种类

食醋包括固态发酵食醋和液态发酵食醋，不包括非发酵工艺生产的产品。

2.3　检验依据

下列文件凡是注明日期的，其随后所有的修改单或修订版均不适用于本细则。凡是不注明日期的，其最新版本适用于本细则。

GB 2719 食品安全国家标准　食醋

GB 2760 食品安全国家标准　食品添加剂使用标准

GB 4789.2 食品安全国家标准 食品微生物学检验 菌落总数测定

GB 5009.28 食品安全国家标准 食品中苯甲酸、山梨酸和糖精钠的测定

GB 5009.31 食品安全国家标准 食品中对羟基苯甲酸酯类的测定

GB 5009.121 食品安全国家标准 食品中脱氢乙酸的测定

GB 12456 食品安全国家标准 食品中总酸的测定

GB 22255 食品安全国家标准 食品中三氯蔗糖(蔗糖素)的测定

GB/T 18187 酿造食醋

产品明示标准或质量要求

相关的法律法规、部门规章和规定

2.4 抽样

2.4.1 抽样型号或规格

预包装食品。

2.4.2 抽样方法及数量

生产环节抽样时,在企业的成品库房,从同一批次样品堆的不同部位抽取相应数量的样品。抽取样品量不少于 8 个独立包装,总量不少于 2 L。大包装食品(≥5 L)可进行分装取样,分装时应采取措施防止微生物污染,分装的样品盛装于被抽样单位用于销售的包装或清洁卫生的容器中,样品数量不少于 8 个包装,总量不少于 2 L。

流通环节抽样时,在货架、柜台、库房或网络食品经营平台抽取同一批次待销产品,抽取样品量原则上同生产环节。

餐饮环节抽样时,抽取同一批次待销或使用的产品,应抽取完整包装产品,抽取样品量原则上同生产环节。

流通环节和餐饮环节如需从大包装中抽取样品,可从 1 个完整大包装中进行分装取样,抽取样品分为 4 个包装,且每个包装不少于 200 mL。

所抽取样品分成 2 份,抽取样品量为 8 个包装的,约 3/4 作为检验样品,约 1/4 作为复检备份样品;抽取样品量为 4 个包装的,约 1/2 作为检验样品,约 1/2 作为复检备份样品(备份样品封存在承检机构)。

抽取样品量、检验及复检备份所需样品量可根据检验和复检需要适量调整。

注:在本细则的规定中,检验机构在检验过程中自行对检验结果进行复验时所采用的样品,应为抽取的检验样品,不得采用复检备份样品。

2.4.3 抽样单

应按有关规定填写抽样单,并记录所抽产品及生产经营企业相关信息。

2.4.4 封样和样品运输、贮存

抽样完成后由抽样人与被抽样单位在抽样单和封条上签字、盖章,当场封样,检验样品、备份样品分别封样。为保证样品的真实性,应有相应的防拆封措施,并保证封条在运输过程中不会破损。样品的运输、贮存,应采取有效的防护措施,符合产品明示要求或产品实际需要的条件要求。

在网络食品经营平台抽样时,抽样单和封条无须被抽样单位签字、盖章。

2.5 检验要求

2.5.1 检验项目

食醋检验项目见表 3-2。

表 3-2　食醋检验项目

序号	检验项目	依据法律法规或标准	检测方法
1	总酸（以乙酸计）	GB 2719 产品明示标准或质量要求	GB 12456
2	不挥发酸（以乳酸计）[a]	GB/T 18187 产品明示标准或质量要求	GB/T 18187
3	苯甲酸及其钠盐（以苯甲酸计）[b]	GB 2760	GB 5009.28
4	山梨酸及其钾盐（以山梨酸计）	GB 2760	GB 5009.28
5	脱氢乙酸及其钠盐（以脱氢乙酸计）	GB 2760	GB 5009.121
6	对羟基苯甲酸酯类及其钠盐 （以对羟基苯甲酸计）[c]	GB 2760	GB 5009.31
7	防腐剂混合使用时各自用量 占其最大使用量的比例之和	GB 2760	/
8	糖精钠（以糖精计）	GB 2760	GB 5009.28
9	三氯蔗糖	GB 2760	GB 22255
10	菌落总数	GB 2719	GB 4789.2

注：a. 限产品明示标准或质量要求有限量规定时检测；
　　b. 零添加产品需考虑发酵本底值；
　　c. 对羟基苯甲酸酯类及其钠盐项目仅包括对羟基苯甲酸甲酯钠、对羟基苯甲酸乙酯及其钠盐

2.6　判定原则与结论

原则上按照细则中检验项目依据的法律法规或标准要求判定，若被检产品明示标准或质量要求高于该要求时，应按被检产品明示标准或质量要求判定。若所检项目既不符合食品安全标准，又不符合产品明示标准或质量要求时，应在检验结论中同时体现。

出具抽检检验报告，检验报告中检验结论按如下方式作出判定：

2.6.1　检验项目全部符合相应依据的法律法规或标准要求的，检验结论为"经抽样检验，所检项目符合××××要求"。

2.6.2　检验项目有不符合相应依据的法律法规或标准要求的，检验结论为"经抽样检验，××项目不符合××××要求，检验结论为不合格"。

2.6.3　检验项目既不符合食品安全标准，又不符合产品明示标准或质量要求时，检验结论为"经抽样检验，××项目不符合××××（食品安全标准）要求、××××（产品明示标准或质量要求）要求，检验结论为不合格"。

3　酿造酱

3.1　适用范围

本细则适用于酿造酱食品安全监督抽检。

3.2　产品种类

酿造酱是以谷物和（或）豆类等为主要原料经微生物发酵而制成的半固态的调味品。产

品包括黄豆酱、甜面酱、豆瓣酱等酿造酱。

豆瓣酱是以红辣椒、蚕豆为主要原料，食用盐、小麦粉等为辅料，经酿制而成的调味品，如郫县豆瓣酱。

3.3 检验依据

下列文件凡是注明日期的，其随后所有的修改单或修订版均不适用于本细则。凡是不注明日期的，其最新版本适用于本细则。

GB 2718 食品安全国家标准 酿造酱

GB 2760 食品安全国家标准 食品添加剂使用标准

GB 2761 食品安全国家标准 食品中真菌毒素限量

GB 4789.3 食品安全国家标准 食品微生物学检验 大肠菌群计数

GB/T 4789.3—2003 食品卫生微生物学检验 大肠菌群测定

GB 5009.22 食品安全国家标准 食品中黄曲霉毒素 B 族和 G 族的测定

GB 5009.28 食品安全国家标准 食品中苯甲酸、山梨酸和糖精钠的测定

GB 5009.121 食品安全国家标准 食品中脱氢乙酸的测定

GB 5009.235 食品安全国家标准 食品中氨基酸态氮的测定

GB 22255 食品安全国家标准 食品中三氯蔗糖(蔗糖素)的测定

产品明示标准或质量要求

相关的法律法规、部门规章和规定

3.4 抽样

3.4.1 抽样型号或规格

预包装食品或非定量包装食品、无包装食品。

3.4.2 抽样方法及数量

生产环节抽样时，在企业的成品库房，从同一批次样品堆的不同部位抽取相应数量的样品。抽取样品量不少于 9 个独立包装，总量不少于 3 kg。大包装食品(≥5 kg)可进行分装取样，分装时应采取措施防止微生物污染，分装的样品盛装于被抽样单位用于销售的包装或清洁卫生的容器中，样品数量不少于 9 个包装，总量不少于 3 kg。

流通环节抽样时，在货架、柜台、库房或网络食品经营平台抽取同一批次待销产品，抽取样品量原则上同生产环节。

餐饮环节抽样时，抽取同一批次待销或使用的产品，应抽取完整包装产品，抽取样品量原则上同生产环节。

流通环节和餐饮环节如需从大包装中抽取样品，可从 1 个完整大包装中进行分装取样，抽取样品分为 6 个包装，且每个包装不少于 400 g。

抽取无包装食品时，从盛装容器不同部位采集适量样品混合成所抽取样品分为 2 个包装，样品数量不少于 2 kg。

所抽取样品分成 2 份，抽取样品量为 9 个包装的，约 2/3 作为检验样品，约 1/3 作为复检备份样品，其余抽取样品约 1/2 作为检验样品，约 1/2 作为复检备份样品(备份样品均不少于 1 kg，封存在承检机构)。

抽取样品量、检验及复检备份所需样品量可根据检验和复检需要适量调整。

注：在本细则的规定中，检验机构在检验过程中自行对检验结果进行复验时所采用的

样品，应为抽取的检验样品，不得采用复检备份样品。

3.4.3　抽样单

应按有关规定填写抽样单，并记录所抽产品及生产经营企业相关信息。

3.4.4　封样和样品运输、贮存

抽样完成后由抽样人与被抽样单位在抽样单和封条上签字、盖章，当场封样，检验样品、备份样品分别封样。为保证样品的真实性，应有相应的防拆封措施，并保证封条在运输过程中不会破损。样品的运输、贮存，应采取有效的防护措施，符合产品明示要求或产品实际需要的条件要求。

在网络食品经营平台抽样时，抽样单和封条无须被抽样单位签字、盖章。

3.5　检验要求

3.5.1　检验项目

酿造酱检验项目见表 3-3。

表 3-3　酿造酱检验项目

序号	检验项目	依据法律法规或标准	检测方法
1	氨基酸态氮[a]	GB 2718 产品明示标准或质量要求	GB 5009.235
2	黄曲霉毒素 B_1	GB 2761	GB 5009.22
3	苯甲酸及其钠盐（以苯甲酸计）	GB 2760	GB 5009.28
4	山梨酸及其钾盐（以山梨酸计）	GB 2760	GB 5009.28
5	脱氢乙酸及其钠盐（以脱氢乙酸计）	GB 2760	GB 5009.121
6	防腐剂混合使用时各自用量 占其最大使用量的比例之和	GB 2760	/
7	糖精钠（以糖精计）	GB 2760	GB 5009.28
8	三氯蔗糖	GB 2760	GB 22255
9	大肠菌群[a]	GB 2718 产品明示标准或质量要求	GB 4789.3 GB/T 4789.3—2003

注：a. GB 2718 仅适用于以谷物和（或）豆类为主要原料经发酵而制成的酿造酱，其他酿造酱（如以辣椒、蚕豆等为原料经发酵而制成的豆瓣酱等），限产品明示标准或质量要求有限量规定时检测

3.6　判定原则与结论

原则上按照细则中检验项目依据的法律法规或标准要求判定，若被检产品明示标准或质量要求高于该要求时，应按被检产品明示标准或质量要求判定。若所检项目既不符合食品安全标准，又不符合产品明示标准或质量要求时，应在检验结论中同时体现。

出具抽检检验报告，检验报告中检验结论按如下方式作出判定：

3.6.1　检验项目全部符合相应依据的法律法规或标准要求的，检验结论为"经抽样检验，所检项目符合××××要求"。

3.6.2　检验项目有不符合相应依据的法律法规或标准要求的，检验结论为"经抽样检验，××项目不符合××××要求，检验结论为不合格"。

3.6.3 检验项目既不符合食品安全标准，又不符合产品明示标准或质量要求时，检验结论为"经抽样检验，××项目不符合××××（食品安全标准）要求、××××（产品明示标准或质量要求）要求，检验结论为不合格"。

……

附注

1. 有关实施细则的说明

1.1 本细则仅限于总局本级及中央转移支付监督抽检任务实施时使用；各地根据监督管理需要确定监督抽检项目并参照本细则制定本省的实施细则。

1.2 在依据基础标准（GB 2760、GB 2761、GB 2762、GB 2763、GB 29921、GB 31650、GB 31607 等）判定时，食品分类应按基础标准的食品分类体系判断。例如对芝麻酱的污染物进行判定时，应依据 GB 2762 的食品分类体系，将其归属于坚果与籽类食品；又如对芹菜的污染物进行判定时，应依据 GB 2762 的食品分类体系，将其归属为茎类蔬菜，而对其农药残留项目进行判定时，应依据 GB 2763 的食品分类体系，将其归属为叶菜类蔬菜。

1.3 食品安全国家标准有指定检验方法的，按照食品安全国家标准指定检验方法实施，如 GB 2762、GB 2763 等标准中相关检验项目等；对于检验方法有食品安全国家标准检验方法的，应采用适用的食品安全国家标准检验方法，如酱油氨基酸态氮项目应采用 GB 5009.235；没有食品安全国家标准检验方法的，原则上应采用本细则规定的检验方法标准，如 GB 2760、GB 31650 等标准中部分检验项目；本细则规定的检验方法标准定量限（检出限、测定低限等）不满足产品明示标准限量要求时，使用产品明示标准规定的配套检验方法，如执行《绿色食品 食用盐》（NY/T 1040—2021）、生产日期在 2021 年 11 月 1 日之前的产品其亚铁氰化钾/亚铁氰化钠项目的检验方法应选择 GB/T 13025.10。细则中有特别规定的从其规定，如保健食品中"功效/标志性成分"检验方法的规定。

1.4 蔬菜、水果监督抽检范围应为细则规定的蔬菜、水果品种。蔬菜（除豆芽外）、水果的分类和品种名称以 GB 2763 中的食品类别为准。例如紫包菜在 GB 2763 中为赤球甘蓝，与结球甘蓝为不同品种的蔬菜，不在本细则抽检范围。

1.5 以罐头工艺加工或经商业无菌生产的食品，其微生物项目仅检测商业无菌，食品安全标准中另有规定的，如番茄酱罐头、番茄酱与番茄汁婴幼儿罐装辅助食品等按其食品安全标准规定执行。

1.6 关于从大包装食品中分装取样微生物检验的说明

1.6.1 在流通环节和餐饮环节，从大包装食品中分装取出的样品不进行微生物检验；

1.6.2 在生产环节，从大包装食品中分装取出的样品，本细则中有微生物检验要求的应检测，抽样时应注意以下几点：

1.6.2.1 应在包装车间或企业自行选择的其他清洁作业区内进行样品分装并密封。样品盛装在企业用于销售的包装或无菌包装中。

1.6.2.2 对于二级或三级采样方案的，应从 5 个大包装中分别取出样品用于微生物检验。对于液态大包装样品，应在采样前摇动液体，使其达到均质；对于固态大包装样品，应当从同一包装的不同部位分别取出适量样品混合。

1.6.2.3 在抽样单的备注栏注明"样品在清洁作业区分装"等类似文字。

1.6.3 各类食品细则中另有规定的，按其规定执行。

1.7 《食品安全国家标准 食品中铝的测定》(GB 5009.182—2017)第二法和第三法适用于面制品、豆制品、虾味片、烘焙食品、粉丝粉条等样品中铝残留量的检测，相关干样制备参照第一法中相应的干燥条件进行。

1.8 防腐剂或相同色泽着色剂混合使用时各自用量占其最大使用量的比例之和，结果超过1，且检出两种及以上防腐剂或相同色泽着色剂(均为标准中允许使用的)时，在检验报告中出具该项目。除此之外，不在检验报告中出具该项目。

1.9 食用农产品抽样应按市场监督管理总局关于印发《食用农产品抽样检验和核查处置规定》的通知(国市监食检〔2020〕184号)要求执行。

2. 微生物检验的特别要求

总局本级和转移支付食品安全监督抽检微生物检验原始记录须包含以下信息：

2.1 样品编号；

2.2 以"年、月、日"格式记录的检测起始日期；

2.3 检测地点；

2.4 检测项目、检测依据；

2.5 培养箱、天平、均质器(适用时)、细菌生化鉴定系统(适用时)、pH计(适用时)等关键检测设备的名称和编号；

2.6 检测关键培养基名称，并可追溯至培养基具体品牌、批号及配制记录；

2.7 生化鉴定试剂、诊断血清等关键试剂的名称、品牌和批号；

2.8 检测过程中所使用标准菌株的菌种名称、编号，来源可追溯；

2.9 检测样品具体取样量及所使用稀释液名称；

2.10 按检测项目相应方法标准要求提供培养温度、培养时间；

2.11 按检测标准方法规定进行详细结果记录，如使用公式计算，须提供具体计算公式；

2.12 按检测标准方法规定，提供空白、阴性和阳性对照结果记录；

2.13 对致病菌检出阳性结果附典型培养结果及生化反应结果图片，按标准采用自动生化反应的除外。

参考文献

[1]　中华人民共和国国家卫生健康委员会，中华人民共和国国家市场监督管理总局. GB 2762—2022 食品安全国家标准 食品中污染物限量[S]. 北京：中国标准出版社，2023.

[2]　中华人民共和国国家卫生健康委员会，中华人民共和国农业农村部，中华人民共和国国家市场监督管理总局. GB 2763—2021 食品安全国家标准 食品中农药最大残留限量[S]. 北京：中国标准出版社，2021.

[3]　中华人民共和国国家卫生和计划生育委员会，中华人民共和国国家食品药品监督管理总局. GB 2761—2017 食品安全国家标准 食品中真菌毒素限量[S]. 北京：中国标准出版社，2017.

[4]　中华人民共和国国家卫生和计划生育委员会. GB 2760—2014 食品安全国家标准 食品添加剂使用标准[S]. 北京：中国标准出版社，2015.

[5]　中华人民共和国卫生部. GB 7718—2011 食品安全国家标准 预包装食品标签通则[S]. 北京：中国标准出版社，2011.

[6]　中华人民共和国国家卫生健康委员会，中华人民共和国国家市场监督管理总局. GB 31604.8—2021 食品安全国家标准 食品接触材料及制品 总迁移量的测定[S]. 北京：中国标准出版社，2021.